幸福晚餐回家做

杨桃美食编辑部 主编

江苏凤凰科学技术出版社 凤凰含章

图书在版编目（CIP）数据

幸福晚餐回家做 / 杨桃美食编辑部主编 . -- 南京 : 江苏凤凰科学技术出版社 , 2015.10

（食在好吃系列）

ISBN 978-7-5537-5069-9

Ⅰ . ①幸… Ⅱ . ①杨… Ⅲ . ①食谱 Ⅳ . ① TS972.12

中国版本图书馆 CIP 数据核字 (2015) 第 164379 号

幸福晚餐回家做

主　　编	杨桃美食编辑部
责任编辑	张远文　葛　昀
责任监制	曹叶平　周雅婷
出版发行	凤凰出版传媒股份有限公司 江苏凤凰科学技术出版社
出版社地址	南京市湖南路 1 号 A 楼，邮编：210009
出版社网址	http://www.pspress.cn
经　　销	凤凰出版传媒股份有限公司
印　　刷	北京旭丰源印刷技术有限公司
开　　本	718mm × 1000mm　1/16
印　　张	10
插　　页	4
字　　数	250千字
版　　次	2015年10月第1版
印　　次	2015年10月第1次印刷
标准书号	ISBN 978-7-5537-5069-9
定　　价	29.80元

Preface | 序言

一日三餐不容忽视，它是人体能量消耗后的补充，是人体营养物质的主要来源，俗话说“人是铁，饭是钢，一顿不吃饿得慌”，正是对三餐重要性的描述。

晚餐肩负着整个下午忙碌后的能量补充，以及维持夜里人体正常运作的重任，使其在三餐中的位置显得尤为重要。特别是在这百舸争流的社会景象中，摄取均衡营养、科学规律用餐，是身体健康最基本的保证之一，是帮助身体担负多种压力的良好饮食习惯。

众所周知，“一年之计在于春，一日之计在于晨”，早上进食营养丰盛的食物，有利于维持一天精神状态的良好。但是，晚餐的饮食原则却与之不同，晚餐除了保证一定的营养外，还应以少量、清淡为好，既补足身体营养的消耗，又为晚上的睡眠质量负责。

当您拖着疲惫的身体回到家，最渴望的是晚上睡个美美的觉，因为晚上是人体休息、能量补充的最佳时期。晚上活动量减少，人体热能的消耗量自然也就降低，尤其是在人体进入睡眠状态的时候，能量消耗已微乎其微。若在此时进食过多荤食，或其他高热量、高蛋白、高油脂食物，就会给胃肠道增添负担，人就得不到很好的休息。长此以往，人体健康就会因这种不正确的晚餐饮食原则而受损。

因此，晚餐饮食一般遵循三个原则，一是简单、少量的原则，即相比早餐要简单，进食七分饱即可，不可暴饮暴食；二是以清淡、低脂、易消化为主，即少食油腻、辛辣、生冷的食物，避免增加胃肠道负担；三是多食素食，素食以富含维生素和碳水化合物为主，不仅易于消化，还有利于人体能量的补充。另外，建议进食晚餐40分钟后，可做一些简单、舒缓、强度较低的运动，如散步、慢跑等，有利于食物的消化和吸收。

忙碌了一天后身体疲惫不堪、精力不足，或者只剩自己一人在家的时候，可不能简单应付或不吃晚餐，以为吃几个苹果就可解决饥饿，长期这样下去对身体不利，晚餐虽要求吃

得少、吃得简单，但营养也需要保证。另外，还有部分人在晚上下班后，直接去餐馆解决晚餐已成为习惯，虽然去餐馆用餐既美味又方便，但餐馆菜的卫生与健康并不能保证，特别是现在很多餐馆为了使菜更美味，会用不同于一般家常食用油的油脂炒菜，还会放较多辛香料，味道虽然可口，但对人身体不益。

站在大众对晚餐饮食需求的角度，本书会教您如何在繁忙的工作之后，既快速又轻松地做出既健康又美味的晚餐。

全书以快速做出晚餐为宗旨，从多个角度介绍各种晚餐菜色的做法。有30分钟搞定的晚餐，无须花较多精力和时间就能完成；有加热不变味的晚餐，解决您对于隔夜菜变味、不健康的担忧，还能方便您做好第二天的便当，经济实惠；有既经典又入味的晚餐，为您提供多种菜色的选择，让您的晚餐菜色不那么单一；另外，本书还介绍如何用电锅和微波炉做晚餐，让您无需精湛的烹饪技术，也能做出一桌好味道。

当然，想要晚餐快速上桌，食材准备是关键。在本书中，您会学到如何妥善利用休息日，做好晚餐食材的准备工作，以及肉类、蔬菜类、海鲜类等不同种类食材的保鲜方法，让您接下来一周的晚餐都能既省时又省力地完成。

拥有这样一本超实用的晚餐菜谱大全，您再也不需要犹豫晚上吃什么，在哪儿吃了。下班回家，就能轻轻松松地做完一桌晚餐，让您和您的家人在填饱肚子之余，又能健康科学地补充营养所需。把控好每天晚餐的饮食质量，就是为自身的身体健康负责。

Contents | 目录

晚餐快速上桌
——忙碌工作后的健康营养餐

PART 1
30分钟搞定的晚餐

PART 2
加热不变味的晚餐

PART 3

既经典又入味的晚餐

PART 4
随手即来的电锅晚餐

PART 5

快速方便的微波炉晚餐

说明：放入微波炉加热的碗应使用专门的微波炉器皿。
忌金属及搪瓷器皿，忌带金边的陶瓷器皿。

单位换算

固体类 / 油脂类
1大匙 = 15克
1小匙 = 5克

液体类
1大匙 = 15毫升
1小匙 = 5毫升
1杯 = 240毫升

晚餐快速上桌

——忙碌工作后的健康营养餐

忙碌了一天，下班后还要花时间想晚上吃什么，准备一桌晚餐总是很费时。其实，可以利用假日，将一周所需食材买齐，并准备能够存放好几天的半成品，就可以轻松应对工作日的晚餐了。当然，除了妥善利用假日的时间外，要如何在工作日，也能花很少的时间做好一桌晚餐呢？本书会告诉您，如何在30分钟内做出香喷喷的晚餐，还会提供更多既经典又入味的晚餐菜色任您选择，以及如何利用电锅、微波炉轻松搞定一家人的晚餐，让您的晚餐做得既省时又省力。

对于吃不完的菜品，或者想要第二天上班带便当的菜品，您可能会担心隔夜加热食用，会不会不健康或者变味。其实无须担心，本书会教您做各式各样、加热也美味的晚餐，不论您是隔天放进微波炉加热，还是用蒸箱蒸热，一样健康美味。

轻松准备晚餐有技巧

技巧 1:
一周食材一次准备好

为了让工作日的晚餐能轻松搞定，可以利用周末，到菜市场一次买齐一周的食材，再经过前期处理或做成半成品保存起来，就可以维持菜品的新鲜度。待当天需要烹饪时，因为省了前期的繁琐准备工作，避免了操作时的手忙脚乱，一桌晚餐就能很快完成。

技巧 2:
整理好菜单再购买

利用周末一次性购足一周的食材非常省事，但是要记得事先整理好菜单再购买，这样不但能准确买到需要的食材，还能依菜单搭配食材，避免所买食材浪费。像胡萝卜这类可做配料的食材，某些菜烹饪的时候只需用到一点，剩下的就可以在其他菜里搭配使用，这样可避免出现买好的食材用不完的情况。

技巧 3:
炖、卤菜品多准备

炖、卤菜品的分量可多准备一些，一餐吃不完可冷藏起来，加热后又可食用，甚至加点小小的变化又是一道新菜。卤汁也可以用来做清蒸或水煮菜品的酱料，还可以直接用来热炒调味。

技巧 4:
做凉拌菜很省时

酸酸甜甜的凉拌菜不但开胃，而且做法简单，可以一次多准备一些冷藏起来，随时拿出来食用都行。对于现做的凉拌菜，也可以事先将酱料准备好，当晚只要烫熟食材，再加入准备好的酱料，只需花3分钟，一道菜就完成了。

技巧 5:
食材处理要聪明

即使是相同的食材、相同的做法，如果切的大小不一样，煮熟的时间也不同。大块的食材一定会比切片或切丁的食材，需要更长的时间熟透入味，所以想要早点吃上晚餐，可将食材处理成小块的丁状、片状或是打成泥状。

技巧 6:
各种烹调器具要同时利用

如果你有两三种以上的烹调器具，在整理菜单的时候，千万别浪费这个省时的好机会。将可同时利用不同器具烹调的菜，在一个晚上做出来，例如锅中炒菜时，可同时使用电锅蒸煮其他菜，再加上烤箱烘烤的菜，这样一次三道菜同时烹饪，就会非常省时、省事。

技巧 7:
要避免做法复杂的菜

做法复杂的菜留着周末或假日有空再做，平日准备晚餐以快速简单为原则，能三四个步骤搞定最好。需要超过1小时炖、卤入味的菜品，可以在周末事先准备好，平日可选择一锅就能完成的菜品，这样可减少做菜的时间。

随取随用的高汤、香料冷冻块

美味高汤是厨房必备的秘密法宝之一，无论是加些食材煮汤，或是用作炒菜、煮稀饭和下面的汤水，都能让这些菜增色不少。对于每餐用量不多的高汤，很难每天晚上花上2～3个小时的时间在厨房里熬煮，可以利用周末将高汤煮好，再装进适当的容器中冷冻起来，烹饪前取出所需的分量解冻即可。

香味浓郁的香草类食材，在大多数菜肴里扮演着画龙点睛的角色，有些菜肴想要美味更是少不了它们。可是，这些香料买回来时常常是一大把，而一次使用的分量却只有一点。聪明的你，若想让香料保存的时间更长，可以把香料洗净，与水或油一起放入食物调理机搅碎，再倒入制冰盒中冷冻起来，使用前取出解冻即可。

鸡高汤冷冻块

材料

鸡骨架400克，洋葱50克，水3500毫升

做法

❶ 鸡骨架先用水洗净，再放入沸水中汆烫。

❷ 再用流动的水冲洗干净，备用。

❸ 洋葱去膜、切小块，备用。

❹ 取汤锅，加水，放入洗净的鸡骨架及洋葱块，以中大火煮至沸腾，再改小火续煮2～3小时。

❺ 熬煮过程中不断用汤勺捞去浮油，再将煮好的鸡高汤滤去浮渣和其他食材。

❻ 将过滤后的鸡高汤放置冷却后，倒入制冰盒中，并放入冰箱冷冻即可。

备注：一般情况下，煮高汤都不会盖上锅盖，因为加盖容易使汤混浊。

煮鸡高汤的小秘诀

鸡高汤是高汤类的基本菜色，鸡骨架可替换成猪大骨或是牛骨，但腥味较重，需加入姜片去腥，若不习惯姜片的味道，可改加洋葱，还能增添清甜香味。

蔬菜高汤冷冻块

材料

圆白菜200克，胡萝卜100克，
洋葱、西红柿各50克，水3500毫升

做法

1. 将圆白菜、胡萝卜、西红柿和洋葱分别洗净沥干、切小块，备用。
2. 取汤锅加水，再放入所有食材，以中大火煮至沸腾后，改小火煮1～2小时，然后取出锅中的食材，过滤掉高汤中的浮渣。
3. 将过滤后的蔬菜高汤放置冷却后，倒入制冰盒中，再放入冰箱冰冻即可。

紫苏叶冷冻块

材料

紫苏叶30克，水1大匙

做法

1. 紫苏叶略洗净、沥干，再和1大匙水一起放入食物调理机搅碎。
2. 将搅碎的食材倒入置冰盒中，并放入冰箱冷冻即可。

备注：材料中加水或油皆可，主要目的是为了让搅碎后的汁液不会过于浓稠。

美味应用

香料类储存容器可大可小

可依照每次香料用量，选择各种大小不同的容器。如果是预计要拿来煮汤，可用大一点容器盛装；但若是保存用量较少的香料，用制冰盒盛装较合适。

晚餐食材冷冻保鲜的要诀

想要快速做出晚餐，却又不想总是重复处理相同的食材，可以利用假日先将所有食材处理好后冷冻保存，等到要用时再取出，接着只要几个简单的步骤就能开始做菜，既方便又省时。

食材冷冻保鲜需掌握五大要诀

要诀 1：沥干食材

清洗过的食材一定要沥干或是擦干，以免结霜，影响食物口感。

要诀 2：切成薄片或小块

将食材切成薄片或小块状较易解冻，烹饪时较方便。

要诀 3：铺平存放

存放时将食材铺平，取用时才不会卷成团。

要诀 4：善用保存容器

保鲜膜、密封袋、保鲜盒都可以拿来保存食材，以透明容器为佳，以方便看到食材。

要诀 5：注明保存日期

装有食材的保存容器，放入冰箱前先贴上日期标签，避免被遗忘或冷冻过久。

肉类冷冻保鲜法

冷冻过的肉常常会卷成一团，使用时很不方便。下面介绍3种不同性质肉类的保鲜保存方法，让您拿出来烹饪时既方便又新鲜。

鸡肉的冷冻

Step1 用酒水去腥

将水和米酒以100:15的比例配成酒水。用酒水直接清洗鸡肉，以去除其腥味。

Step2 腌鸡肉 + 切块

将去腥后的鸡肉，放入酱油1.5小匙，米酒1小匙，糖、姜泥各1/2小匙，香油1/2小匙调味，用手抓匀后，切成一口就能食用的大小。

Step3 放入密封袋

将腌好的鸡肉块放入密封袋中并铺平，再放入冰箱冰冻保存。

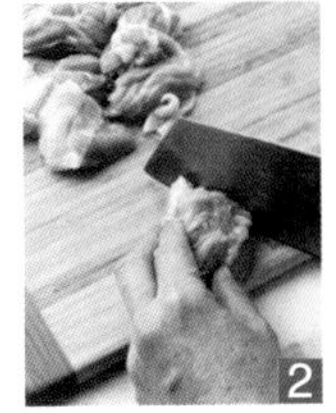

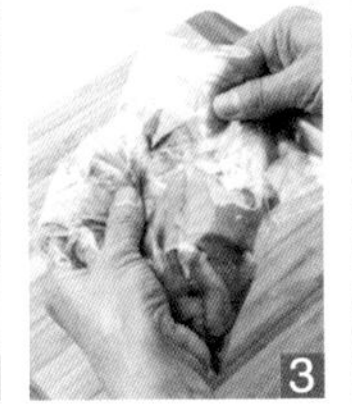

肉馅的冷冻

Step1 抓肉

依肉馅的分量加入1%的盐，例如，200克的肉馅需放2克的盐，以此类推；用手抓到肉馅呈现胶泥状。

Step2 调味 + 做成丸子状

将抓匀的肉馅用水1大匙，酱油、米酒各1小匙，糖、姜泥各1/2小匙，香油1/2小匙调味，用手抓匀后，做成丸子状。

Step3 放入保鲜盒

将丸子状的肉馅先压平，中间部分再压一下，烹调时才不会凸起。肉馅处理好后放入保鲜盒中，并在保鲜盒上贴上日期的标签，再放入冰箱冷冻。

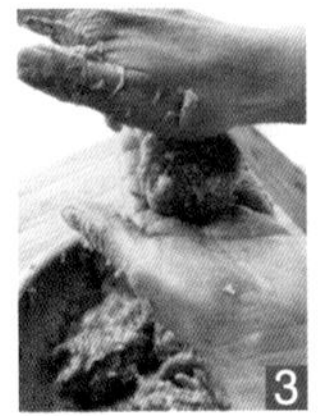

肉片的冷冻

Step1 分量包好肉片

取一保鲜膜，撕下适当的长度，平铺在桌上，将肉片放在保鲜膜上完整包好。包入肉片的数量依每次使用量及使用方式来决定。

Step2 密封肉片

将包好的肉片放在原先存放肉片的塑料盒中，再用保鲜膜包好，即可放入冰箱冷冻。

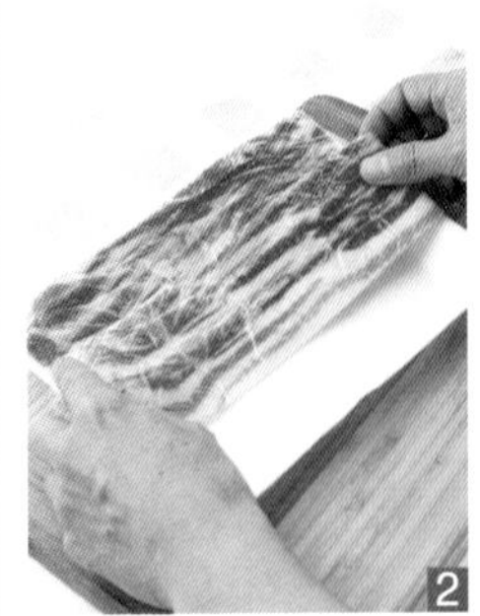

美味应用　小嘱咐

所有肉片都可以用这方式保存。冷冻过的肉片可直接用来炒、煎或涮火锅。

海鲜类冷冻保鲜法

人们很少会把贝类放进冰箱冷冻，以致于买到的贝类必须要在短时间内吃完，这样现买现做很浪费烹调的时间。下面给您提供贝类的冷冻保鲜法，让您一周都有新鲜海鲜吃，既方便又省时。

贝类的冷冻

Step1 吐沙

虽然菜市场或超市卖的贝类都事先吐过沙，但是为了确保吐沙完全，买回家后，最好再吐沙30分钟。

Step2 清洗

将吐沙完全的贝类捞起，用清水洗净、沥干。

Step3 放入冰箱冷冻

将沥干的贝类放入保鲜盒中，并贴上标有品名及日期的标签，然后放入冰箱冷冻。

1

2

3

带壳鲜虾的冷冻

Step1 去肠泥

去除鲜虾背脊上的肠泥。

Step2 剪须

将虾头部的须及尖端剪去。

Step3 加水

接着将处理好的虾放入保鲜盒，倒入适量干净的水，这样才能保住虾肉里的水分。在保鲜盒的表面贴上标有品名及日期的标签，再放入冰箱冷冻。

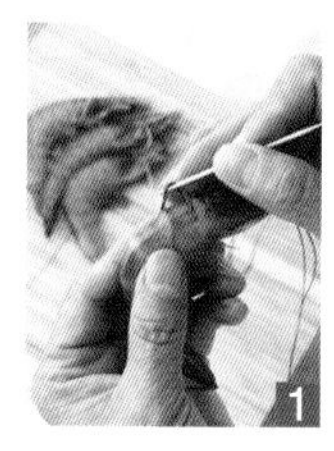
1

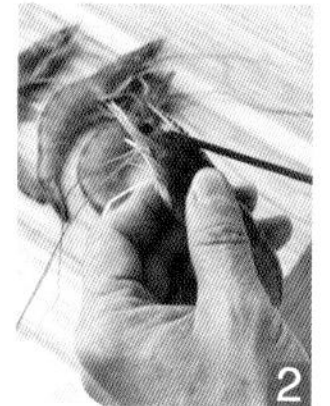
2

3

去壳鲜虾的冷冻

Step1 去肠泥

去除鲜虾背脊上的肠泥。

Step2 去头、去壳

将虾头、虾壳去除，尾巴最后一段的壳可以保留，这样烹饪出来较美观。

Step3 沥干

把去壳的虾沥干，并用餐巾纸将其表面的水吸干，然后平放在密封袋中，并贴上标有品名及日期的标签，最后放入冰箱冷冻。

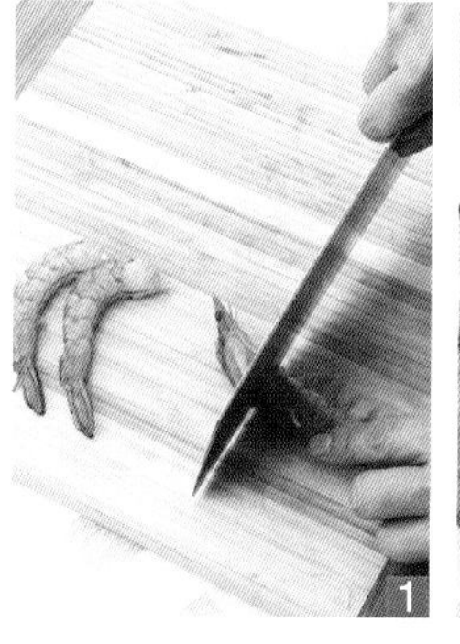
1

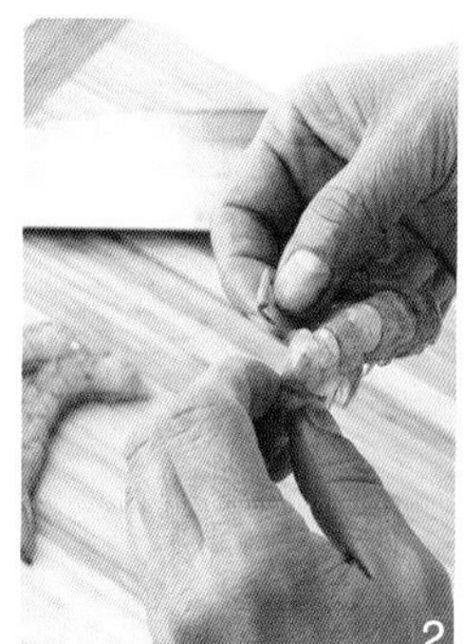
2

蔬菜、水果类冷冻保鲜法

您一定没有想到蔬菜、水果也可以冷冻保鲜。其实，把蔬菜、水果事先冷冻起来，就不会怕逢年过节时菜价上涨或蔬果换季时没有合口味的菜吃。当然，不可把蔬菜、水果直接放入冰箱冷冻，这样并不能保住蔬菜、水果的新鲜度。下面就给您介绍正确的蔬菜、水果冷冻法。

甜豆的冷冻

Step1 去丝

将甜豆洗净沥干后，撕去两边的粗纤维。

Step2 铺平

将去丝后的甜豆放入密封袋中铺平，贴上标有品名及日期的标签，再放入冰箱冷冻。

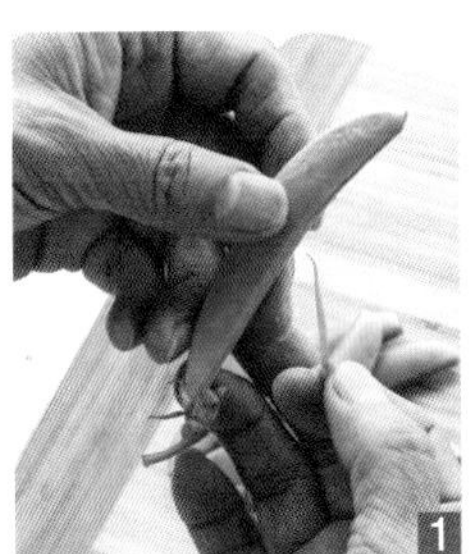

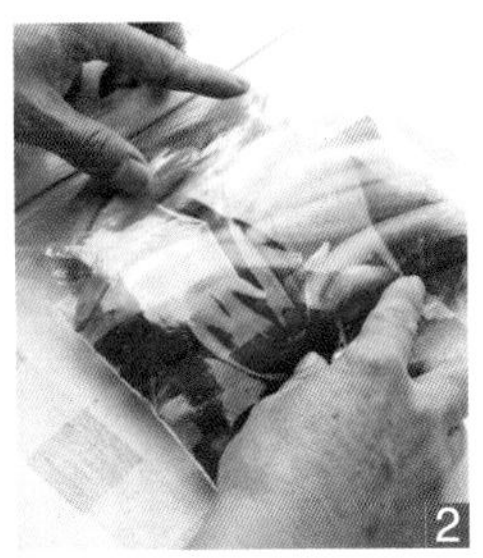

美味应用

小嘱咐

西红柿、黑木耳、菇类、葱等食材都可以冷冻保存，只要做好洗净沥干、去籽去皮的工作，再切成适当大小的块，装入密封袋中即可。

彩椒的冷冻

Step1 去籽

将彩椒洗净沥干后，去除内部的籽。

Step2 切成适当大小

将彩椒切成条状或丁状，大小适当，不要切太大块。

Step3 铺平

将彩椒条放入密封袋中铺平，并贴上标有品名及日期的标签，再放入冰箱冷冻。

三角油豆腐的冷冻

Step1 沸水汆烫

取锅，放入适量的水煮沸，将三角油豆腐放入，略微汆烫后取出，以去除油渍及异味。

Step2 压干水分

将三角油豆腐中的水分压干，以免冷冻后结霜。

Step3 切小块状

将冷却后的三角油豆腐切成合适大小的块状，再放入密封袋中铺平，并贴上标有品名及日期的标签，最后放入冰箱冷冻。

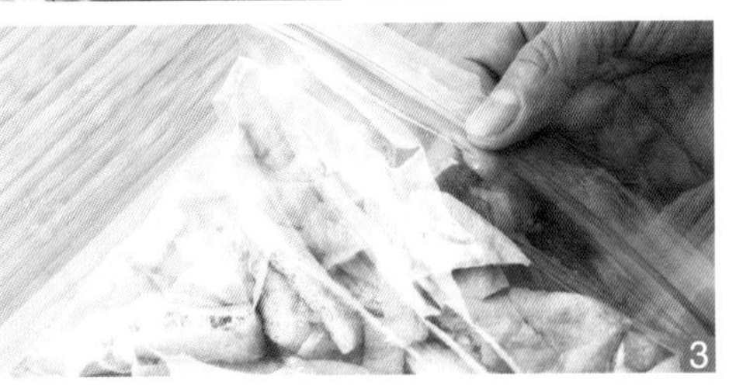

晚餐隔夜吃也美味的秘诀

秘诀 1: 带便当的菜不要做到全熟

放入便当盒中方便第二天上班食用的菜，不一定要煮到全熟状态。比如蒸鱼，在蒸的时候先定好时间，不要蒸得太老，最好是九成熟或是当食物一蒸熟就立即熄火，这样食物放入饭盒里，经过隔天再次加热后，才不会变得太老，但要拿捏好食物的烹饪时间，不熟的食物会让肠胃感觉不适。烹饪时先盛起带便当所需分量的菜，剩下的继续煮至全熟就是晚餐了。

秘诀 2: 蔬菜不要煮至变色

像十字花科蔬菜、豆类、根茎类、瓜果类，烹饪时应避免炒太熟，若炒太熟，保存至隔天再次加热的话，不但会变色，味道也会大打折扣。例如西蓝花、四季豆等，可以用“过油”的方式来保存其翠绿的颜色，若讨厌油腻，也可以用沸水快速汆烫后放入冰水中冰镇，快炒两三下就可以起锅了。

秘诀 3: 油炸食物先腌渍

经过油炸的食物，隔夜加热后，其口感和味道都会变差，所以油炸之前，最好将食材先腌渍入味，这样就算隔天外表酥脆的口感消失了，里面吃起来还是很美味的。尤其是肉类和鱼类，一定要先腌过再油炸，否则时间一久，吃起来就会比较腥。炸蔬菜时，最好先裹上面粉，因为蔬菜容易吸油，裹粉可以让蔬菜少吸一点油。

秘诀 4: 有些菜色不适合隔夜吃

绿叶菜煮熟后久放容易变黑，像空心菜、地瓜叶等，都不适合隔夜存放，只能现炒现吃。另外，太过松软的食物也不适合隔夜存放，像蒸蛋或是鱼松，隔夜加热后，这些食物都会因为吸收水分而变得松烂，口感较差，所以平常煎蛋的时候可以入萝卜干，以加强口感，可避免再次加热后太过软烂。

PART 1

30分钟搞定的晚餐

对于工作繁忙的人来说，下班后准备一桌晚餐，既费时又费精力。其实，在食材都已经准备好的情况下，如何在短时间内，完成自己想要的菜品，并不是件难事。跟着本章学习制作多种菜色，让您在30分钟内，就能品尝到符合您口味的晚餐，让您吃得舒心、吃得美味。

红酒烧牛腩

材料

牛腩	300克
土豆	100克
洋葱	30克
口蘑	50克
胡萝卜	30克
油	1大匙

调料

月桂叶	5片
西式综合香料	1小匙
奶油	1大匙
盐	少许
黑胡椒	少许
红酒	200毫升
水	100毫升

做法

❶ 先将牛腩洗净切成约3厘米厚的块状，再放入沸水中汆烫5分钟，捞出过冷水，备用。土豆、胡萝卜均去皮洗净切滚刀块状；洋葱洗净切块；口蘑洗净切小块，备用。

❷ 取炒锅，加入油烧热后，加入土豆块、胡萝卜块、洋葱块和口蘑块，以中火爆香。

❸ 再加入汆烫好的牛腩块一起炒香，待锅热时加入红酒呛烧一下。

❹ 接着依序加入其余调料，最后煮至汤汁略收即可（可另加欧芹做装饰）。

白酒奶油烩鸡腿

材料

鸡腿	3只
土豆	200克
洋葱	50克
大蒜	3瓣
橄榄油	适量

腌料

盐	少许
黑胡椒	少许
橄榄油	1大匙
面粉	2大匙

调料

白酒	200毫升
月桂叶	3片
鸡高汤	350毫升
盐	少许
黑胡椒	少许
鲜奶油	100毫升
面糊	2大匙
香芹末	1大匙

做法

1. 将鸡腿切成大块状后洗净，放入除面粉外的所有腌料腌5分钟左右，再沾上一层薄薄的面粉，备用。土豆、洋葱均去皮洗净切块；大蒜去皮洗净切片，备用。
2. 取炒锅，倒入适量橄榄油烧热，放入腌好的鸡腿块，以小火煎至上色，再取出备用。
3. 另取锅，倒入1大匙橄榄油烧热，放入土豆块、洋葱块、蒜片爆香，再放入炸好的鸡腿块与白酒、月桂叶、鸡高汤、盐、黑胡椒，以中火煮约10分钟。
4. 最后加入鲜奶油与面糊略煮至稠状，盛盘后撒上香芹末即可（可另加欧芹做装饰）。

美味应用

面糊制作

将10克奶油、200毫升水、100克面粉混合打匀即可。

咖喱烩鸡腿

材料

鸡腿3只（约600克），土豆100克，油适量，胡萝卜10克，西芹100克，洋葱20克，大蒜3瓣

调料

咖喱粉1大匙，盐、黑胡椒各少许，糖1小匙，鲜奶油50毫升，水500毫升

做法

1. 先将鸡腿洗净切成小块状，再放入沸水中汆烫，捞出过冷水，备用。
2. 将土豆、胡萝卜、西芹和洋葱都洗净切成小块状；大蒜去皮洗净，备用。
3. 取炒锅，加油烧热后，加入咖喱粉爆香，再将鸡腿块、土豆块、胡萝卜块、西芹块、洋葱块、大蒜依序加入，续加入其余调料（鲜奶油除外），盖上锅盖，煮约10分钟。
4. 起锅前加入鲜奶油，续煮约3分钟至汤汁略收即可（可另加葱与红辣椒做装饰）。

椰奶鸡

材料

去骨鸡腿排2块，土豆200克，胡萝卜30克，洋葱20克，大蒜3瓣，油适量

调料

奶油1大匙，盐、黑胡椒各少许，月桂叶3片，椰奶1瓶，糖1小匙，水300毫升

做法

1. 先将鸡腿排切成小块状，再放入沸水中汆烫，捞出过冷水，备用。
2. 将土豆、胡萝卜和洋葱都洗净切成小块状；大蒜去皮洗净，备用。
3. 取炒锅，加油烧热后，将去骨鸡腿块、土豆块、胡萝卜块、洋葱块、大蒜依序加入炒锅中，以中火翻炒均匀，再加入所有调料炒匀（椰奶除外）。
4. 起锅前加入市售椰奶，续煮约3分钟即可（可另加欧芹做装饰）。

土豆烧鸡

材料

鸡腿2只（约400克），土豆100克，胡萝卜50克，姜25克，洋葱30克，油1大匙

调料

酱油1大匙，糖1小匙，盐、黑胡椒各少许，水适量

做法

1. 先将鸡腿洗净剁成小块状，再放入沸水中汆烫，捞出过冷水，备用。
2. 将土豆、胡萝卜去皮洗净切小块；姜洗净切片；洋葱洗净切丝，备用。
3. 取炒锅，加入1大匙油烧热后，加入土豆块、胡萝卜块、姜片、洋葱丝，以中火炒香。
4. 再加入汆烫好的鸡腿块和所有调料，以中火烧至汤汁略收即可（可另加白菜叶做装饰）。

四季豆炒鸡丁

材料

四季豆200克，胡萝卜60克，鸡胸肉100克，蒜末10克，油适量

腌料

盐、淀粉各少许，米酒1小匙

调料

盐1/4小匙，鸡精、白胡椒粉各少许，香油少许

做法

1. 四季豆洗净汆烫后切丁；胡萝卜去皮洗净切丁后汆烫，备用。
2. 鸡胸肉洗净切丁，加入所有腌料腌10分钟，备用。
3. 热锅，倒入适量的油，放入蒜末爆香，再加入腌好的鸡丁炒至肉色变白。
4. 最后加入胡萝卜丁、四季豆丁及所有调料炒匀即可。

美味应用

四季豆完整下锅汆烫后再切丁，可避免甜分流失；而胡萝卜因为比较耐煮，切丁后再汆烫，可以加快汆烫的速度。

芋头滑鸡煲

材料

去骨鸡腿排 2块
芋头 200克
大蒜 3瓣
红辣椒 1个
香菇 5朵
油 1大匙

腌料

淀粉 1大匙
香油 1小匙
盐 少许
白胡椒粉 少许
鸡蛋清 35克

调料

盐 少许
白胡椒粉 少许
水 380毫升
水淀粉 适量

做法

1. 先将去骨鸡腿排洗净切成小块状，再加入腌料腌制约15分钟，备用。
2. 将芋头去皮洗净后切成滚刀状，与腌好的鸡腿块一起放入180℃的油中，炸至上色后捞起，备用。
3. 大蒜、红辣椒洗净均切片；香菇洗净切块，备用。
4. 取炒锅，放入1大匙油烧热，加入大蒜片、红辣椒片、香菇块，以中火爆香，再加入炸好的鸡腿块和芋头块，续加入所有调料（水淀粉除外），以中火煮至汤汁略收。
5. 最后以水淀粉勾薄芡即可。

注：可使用新鲜罗勒装饰。

美味应用

一起烹饪的食材切成差不多大小，烹调时间才会均匀一致，如果遇到不易熟的食材，像是芦笋，就要先焯烫过再放入一起炒，这样既可以保持颜色翠绿，又容易入味。

芦笋鸡柳

材料

鸡肉条180克，芦笋150克，黄甜椒条60克，蒜末、姜末、红辣椒丝各10克，油适量

腌料

盐、淀粉各少许，米酒少许

调料

盐1/4小匙，鸡精、糖各少许

做法

1. 芦笋洗净切段，汆烫后捞起，备用。
2. 鸡肉条加入所有腌料拌匀，备用。
3. 热锅，加入适量油，放入蒜末、姜末、红辣椒丝爆香，再放入腌好的鸡肉条翻炒至肉色变白。
4. 接着加入汆烫过的芦笋段、黄甜椒条以及所有调料，炒至入味即可。

泰式酸辣鸡翅

材料

鸡翅8只（约480克），洋葱50克，鲜香菇3朵，大蒜3瓣，红辣椒1个，香菜末适量

调料

泰式甜辣酱2大匙，米酒1大匙，柠檬约100克，糖1小匙，水150毫升

做法

1. 洋葱洗净切丝；鲜香菇洗净切块；大蒜与红辣椒洗净切片；柠檬榨汁，备用。
2. 鸡翅洗净后，用餐巾纸吸干，再放入锅中以小火煎至两面上色。
3. 续加入洋葱丝、鲜香菇块、大蒜片、红辣椒片，以中火炒香。
4. 最后加入所有调料炒匀后，放上香菜末，即可盛盘。

豉汁炒鸡球

材料

去骨鸡腿排 2块
洋葱 50克
葱 10克
青甜椒 20克
大蒜 3瓣
姜 25克
豆豉 2大匙
油 1大匙

腌料

生抽 1小匙
盐 少许
白胡椒粉 少许
黄酒 1大匙
淀粉 1大匙

调料

糖 1小匙
蚝油 1大匙
水 120毫升
水淀粉 适量

做法

1. 鸡腿排稍划刀后切小块，放入腌料腌制约10分钟，再放入180℃油中炸至八成熟，备用。
2. 将洋葱、青甜椒洗净切片；葱洗净切段；大蒜、姜洗净切碎；豆豉洗净、泡水后拧干，备用。
3. 取炒锅，倒入1大匙油烧热，放入豆豉、大蒜碎、姜碎，以中火爆香，再加入所有调料（水淀粉除外）与炸好的鸡腿块共煮。
4. 最后加入洋葱片、葱段与青甜椒片，翻炒均匀后加入水淀粉勾薄芡即可。

核桃炒鸡丁

材料

去骨鸡腿排	400克
洋葱	50克
西芹	100克
葱	10克
红辣椒	1个
核桃	2大匙
油	1大匙

腌料

大蒜	2瓣
酱油	1大匙
鸡精	1小匙
盐	少许
黑胡椒	少许
淀粉	1小匙
水	适量

调料

糖	1小匙
水	300毫升
水淀粉	适量

做法

1. 先将去骨鸡腿排切成块状，再放入腌料腌制约10分钟后入沸水汆烫；核桃也放入沸水中汆烫，捞出备用。
2. 将洋葱、西芹洗净切小片；葱、红辣椒洗净切片，备用。
3. 取炒锅，加入油烧热后，加入洋葱片、西芹片、葱片、红辣椒片，以中火爆香，续加入汆烫后的鸡腿块与所有调料炒香。
4. 最后放入汆烫后的核桃翻炒均匀即可。

黑胡椒黄金猪柳

材料

猪五花肉	300克
红薯	200克
红甜椒	1/2个
大蒜	3瓣
红辣椒	1个
油	适量

腌料

酱油	1大匙
香油	1小匙
米酒	1大匙
盐	少许
白胡椒粉	少许

调料

盐	1大匙
黑胡椒	1大匙
香油	1小匙
糖	少许
水淀粉	少许

做法

❶ 先将猪五花肉洗净切成小条状，再放入腌料稍抓匀；红薯去皮洗净后切成小条状；红甜椒洗净切成条状；大蒜与红辣椒洗净均切片状。

❷ 取炒锅，加油烧热后，将腌好的猪五花肉条放入煎至金黄色，再加入红薯条煎至上色。

❸ 最后加入红甜椒条、大蒜片、红辣椒片与所有调料，以中火翻炒均匀即可（可另加欧芹做装饰）。

豆干回锅肉

材料

熟猪五花肉、豆干片各300克，葱段50克，蒜末、红辣椒片各10克，油2大匙

调料

酱油1.5大匙，盐、白胡椒粉各少许，糖1/2小匙

做法

1. 熟猪五花肉切片；葱段洗净分切葱白及葱绿，备用。
2. 热锅，加入2大匙油，放入熟猪五花肉片炒1分钟，再放入蒜末、葱白和豆干片炒香。
3. 接着放入所有调料翻炒入味，最后放入红辣椒片和葱绿翻炒均匀即可。

美味应用

做回锅肉时，先将熟猪五花肉入锅炒，逼出大部分油脂后吃起来才会香而不腻。炒的时候火候不需要太大，慢慢炒至表面有点焦黄即可关火。

蒜苗炒腊肉

材料

腊肉片200克，蒜苗片80克，红辣椒片10克，油1大匙

调料

米酒、酱油各1/2小匙，糖1/2小匙

做法

1. 热锅，倒入1大匙油，放入腊肉片炒香至油亮。
2. 再加入红辣椒片、蒜苗片快炒，最后加入所有调料翻炒均匀至入味即可。

美味应用

腊肉是熟的食材，再次拿来烹饪，目的是要烹调出腊肉特有的香气与口感，所以要先单独炒腊肉，以半煎半炒的方式逼出其香味后，再加入其他材料翻炒均匀即可。

三杯炒大肠

材料

熟大肠头250克，姜25克，大蒜5瓣，
红辣椒1个，新鲜罗勒适量，麻油1大匙

调料

酱油、米酒各1大匙，糖1小匙，香油1小匙
鸡精少许，水300毫升，水淀粉适量

做法

1. 先将熟大肠头切成大圈状；姜、大蒜与红辣椒均洗净切片，备用。
2. 取炒锅，加入1大匙麻油烧热后，加入姜片、大蒜片、红辣椒片爆香。
3. 再加入大肠头圈及所有调料（水淀粉除外），翻炒均匀后加入水淀粉勾薄芡。
4. 最后加入新鲜罗勒做装饰即可。

韭菜炒猪肚

材料

熟猪肚、韭菜各300克，姜50克，大蒜3瓣，
红辣椒1个，油1大匙

调料

黄豆酱1大匙，米酒1大匙，糖1小匙，香油1小匙，
水、水淀粉各少许，盐、白胡椒粉各少许

做法

1. 熟猪肚切片；韭菜洗净，切成约6厘米长的段状；姜、红辣椒洗净切丝；大蒜洗净切块，备用。
2. 取炒锅，加入1大匙油烧热后，加入大蒜块、红辣椒丝，以中火爆香。
3. 再加入熟猪肚片和所有调料（水淀粉除外）翻炒均匀。
4. 最后加入韭菜段、姜丝，翻炒均匀后盖上锅盖稍焖。掀开锅盖，加入水淀粉勾薄芡即可（可另加欧芹做装饰）。

香槟小排骨

材料

猪小排	350克
葱	20克
大蒜	5瓣
红辣椒	1/2个
上海青	2棵

腌料

酱油	1大匙
淀粉	1大匙
香油	1小匙
香槟	2大匙
盐	少许
白胡椒粉	少许

调料

香槟	150毫升
奶油	50毫升
柠檬	约100克
白醋	1小匙

做法

1. 将猪小排剁成小块状后洗净，放入腌料腌制约20分钟；柠檬放入果汁机中搅打成汁，备用。
2. 将腌好的猪小排块放入油温约180℃的油锅中炸成金黄色，捞出滤油，备用。
3. 葱洗净切小段；大蒜洗净切碎；红辣椒洗净切片，备用。
4. 取炒锅，加入奶油烧热后，加入葱段、大蒜碎、红辣椒片，以中火爆香，再加入炸好的猪小排块与其余调料煮匀。
5. 最后盛盘时放入汆烫好的上海青装饰即可。

紫苏炒鸭肉

材料

鸭肉	约400克
干燥紫苏	1大匙
姜	125克
洋葱	50克
大蒜	5瓣
红辣椒	1个
葱	20克
油	1大匙

腌料

酱油	1大匙
糖	1小匙
盐	少许
白胡椒粉	少许
淀粉	1大匙
香油	1小匙

调料

盐	少许
白胡椒粉	少许
水	500毫升
水淀粉	适量

做法

1. 先将鸭肉洗净切成小块状，再放入沸水中汆烫过水，取出后放入腌料腌约15分钟，备用。
2. 洋葱、姜洗净均切丝；大蒜、红辣椒洗净均切片；葱洗净切小段，备用。
3. 将腌好的鸭肉块放入180℃的油（材料外）中炸成金黄色，捞起沥油，备用。
4. 取炒锅，加入1大匙油烧热，再加入洋葱丝、姜丝、大蒜片、红辣椒片、葱段，以中火爆香后，加入炸好的鸭肉块和所有调料，以中火煮开。
5. 煮至汤汁略收，加入干燥紫苏翻炒均匀即可起锅。

客家小炒

材料

猪五花肉	300克
豆干	250克
虾米	20克
葱	20克
干鱿鱼	1/2条
蒜苗	150克
芹菜	100克
红辣椒	1个
姜末	5克
油	1大匙

调料

盐	少许
香油	少许
糖	1小匙
酱油	2大匙
鸡精	1/2小匙
米酒	1大匙
五香粉	1/4小匙

做法

1. 猪五花肉洗净切条状；豆干切条状；虾米泡发；干鱿鱼用盐水浸泡一晚后，去表皮薄膜再切条状，备用。
2. 葱洗净切段，分切葱白与葱绿；蒜苗洗净切片，分切蒜白与蒜绿；芹菜去叶洗净后切段；红辣椒洗净切丝，备用。
3. 将豆干条放入热油中，炸至表面微焦后沥油，备用。
4. 另热锅，倒入1大匙油，放入猪五花肉条炒至肉色变白后，加入姜末炒香。
5. 再加入葱白与蒜白、泡发后的虾米及鱿鱼条炒香，接着加入炸好的豆干条与所有调料炒至入味。
6. 最后放入葱绿、蒜绿、芹菜段与红辣椒丝炒匀即可。

酸辣柠檬虾

材料

甜虾200克，红辣椒3个，青辣椒2个，大蒜10克，油适量

调料

柠檬汁、水各2大匙，白醋、鱼露各1大匙，糖1/4小匙

做法

1. 将红辣椒、青辣椒及大蒜洗净剁碎；甜虾洗净、沥干，备用。
2. 热锅，加入少许油，将甜虾倒入锅中，两面略煎后盛出，备用。
3. 另热锅，加入少许油，放入红辣椒碎、青辣椒碎、蒜碎略炒。
4. 再加入煎过的甜虾及所有调料，以中火烧至汤汁收干即可。

美味应用

柠檬汁常与海鲜类食材一起搭配入菜，有了天然果酸的加入，能让海鲜的风味提升、口感鲜甜，还能去腥，真是一举数得的好帮手。

胡椒虾

材料

白虾200克，大蒜2瓣，红辣椒1个，葱段20克

调料

白胡椒粉1大匙，盐1小匙，香油1小匙

做法

1. 将白虾的尖头和长须剪掉，再放入沸水中快速汆烫、捞起，备用。
2. 将红辣椒、大蒜洗净后切片，备用。
3. 热锅加油，再加入红辣椒片、大蒜片和葱段爆香，接着放入汆烫过的白虾和所有调料，一起翻炒均匀即可。

美味应用

白虾汆烫过后可以去除腥味，且肉质在汆烫时收缩过，再次炒的时候就不会有汁液流出，从而能够更均匀地附着胡椒粉，让味道更浓郁。

海鲜豆腐煲

材料

虾仁	100克
墨鱼	30克
嫩豆腐	1盒
蟹味菇	30克
大蒜	3瓣
红辣椒	1/3个
葱	10克
咸鸭蛋黄碎	20克
油	1大匙

调料

酱油	1小匙
盐	少许
白胡椒粉	少许
鸡精	1小匙
水	400毫升
水淀粉	适量

做法

1. 虾仁切小丁；墨鱼切小圈，放入沸水中汆烫过水，备用。
2. 嫩豆腐、蟹味菇均洗净切小丁；大蒜、红辣椒、葱均洗净切成圈状，备用。
3. 取炒锅，加入1大匙油烧热后，放入虾仁丁、汆烫过的墨鱼圈、嫩豆腐丁、蟹味菇丁、大蒜圈、红辣椒圈、葱圈，以中火炒香，再加入所有调料（水淀粉除外）以中火煮开。
4. 最后加入水淀粉勾薄芡，撒上咸鸭蛋黄碎即可。

味噌三文鱼

材料

三文鱼200克，竹笋100克，姜、葱各20克，油1大匙

调料

味噌2大匙，味啉、米酒各2大匙，酱油1小匙，糖1小匙，白胡椒粉少许，水500毫升

做法

1. 将三文鱼洗净，切成大块状；竹笋洗净切成长条状；姜洗净切片；葱洗净切段，备用。
2. 热锅，倒入1大匙油，加入竹笋条、姜片、葱段，以中火爆香。
3. 最后加入三文鱼块与所有调料（其中味噌使用小筛网放入汤中慢慢搅开），以中火煮开即可。

宫保虾仁

材料

虾仁300克，青辣椒1/3个，葱10克，大蒜3瓣，红辣椒1个，油1大匙

调料

盐、白胡椒粉各少许，香油1小匙，干辣椒1大匙

做法

1. 虾仁去肠泥后洗净，备用。
2. 青辣椒洗净切小块；葱洗净切小段；大蒜与红辣椒均洗净切片，备用。
3. 热锅，倒入1大匙油，加入青辣椒块、葱段、大蒜片、红辣椒片，以中火爆香。
4. 最后加入虾仁及所有调料，以中火翻炒均匀即可。

美味应用

除了自己剥虾壳可以节省成本外，也可买较小的虾仁，价格会便宜许多，而且分量看起来较多。

三色虾球

材料

虾仁120克，蒜末5克，油2大匙，
红甜椒、黄甜椒、青辣椒、洋葱各30克

调料

鸡蛋清、香油各1小匙，糖1小匙，淀粉2小匙，
水2小匙，盐1/8小匙，辣豆瓣酱1大匙，
米酒1大匙

做法

1. 红甜椒、黄甜椒、青辣椒和洋葱均洗净切片；虾背从头到尾切一刀，但勿切断，再用鸡蛋清、1小匙淀粉、盐抓匀，备用。
2. 将辣豆瓣酱、糖、米酒、水、1小匙淀粉混合拌匀成酱汁，备用。
3. 热锅，加入2大匙油，放入蒜末、洋葱片及虾仁，以中火炒约10秒至虾仁卷缩，加入红甜椒片、黄甜椒片及青辣椒片翻炒均匀，边炒边淋入酱汁炒匀，最后淋上香油即可。

美味应用

虾仁在烹煮前先用淀粉和鸡蛋清抓匀，使其表面形成一层保护膜，这样可锁住水分，烹煮后口感会更滑嫩。

炒三鲜

材料

猪肉片、笋片各40克，鱿鱼肉、虾仁各50克，
胡萝卜片、葱段各30克，姜末5克，油2大匙

调料

水、水淀粉、香油各1小匙，淀粉1小匙，
盐1/4小匙，鸡蛋清1大匙，甜辣酱3大匙，
米酒20毫升

做法

1. 鱿鱼肉洗净切花刀后切小片；虾仁洗净后划开虾背，加入混合后的水、淀粉、盐、5毫升米酒、鸡蛋清抓匀，备用。
2. 将猪肉片、虾仁、鱿鱼片及笋片、胡萝卜片洗净，一同入沸水中汆烫10秒，取出冲冷水，沥干备用。
3. 热锅，加入2大匙油，放入姜末和葱段，以小火爆香，再放入上一步汆烫好的全部食材，以大火快炒10秒后，加入甜辣酱及15毫升米酒翻炒，并以水淀粉勾芡，最后淋入香油炒匀即可。

美味应用

烹饪海鲜时，可先汆烫再放入锅中快炒，可避免海鲜因加热太慢，口感变得软烂不脆。

雪菜炒鱼片

材料

鲷鱼300克，雪菜150克，大蒜5瓣，
红辣椒1个，油适量

腌料

盐、白胡椒粉、淀粉各少许，米酒1大匙，
香油1小匙

调料

盐、白胡椒粉各少许，水200毫升，
香油、酱油各1小匙，鸡精1小匙

做法

1. 将鲷鱼洗净后切成大片状，放入腌料腌制约10分钟，备用。
2. 雪菜洗净切碎；大蒜与红辣椒切片，备用。
3. 取炒锅，加油烧热后，加入雪菜碎、大蒜片、红辣椒片爆香，再加入腌好的鲷鱼片翻炒均匀。
4. 最后炒至汤汁略干，加入所有调料炒匀即可。

泡菜炒鱿鱼小卷

材料

鱿鱼小卷300克，姜25克，大蒜2瓣，
红辣椒1个，泡菜150克，色拉油1大匙

调料

盐、黑胡椒各少许，米酒1大匙，糖1小匙，
水适量

做法

1. 将鱿鱼小卷洗净，切成块状；姜、大蒜、红辣椒均洗净切片；泡菜切小块，备用。
2. 取炒锅，倒入1大匙油，加入姜片、大蒜片、红辣椒片和泡菜块，以中火爆香。
3. 接着放入鱿鱼小卷块炒香，再加入所有调料翻炒均匀即可。

注：葱段为装饰。

五彩糖醋鱼球

材料

鲈鱼	1条
洋葱	30克
青甜椒	1/2个
红甜椒	1/2个
黄甜椒	1/2个
大蒜	2瓣
油	1大匙

腌料

米酒	1大匙
盐	少许
白胡椒粉	少许
面粉	5大匙

调料

白醋	70毫升
糖	4大匙
番茄酱	4大匙
水	少许
水淀粉	少许
盐	少许
白胡椒粉	少许

做法

1. 将鲈鱼洗净后去骨取肉，再切花刀，最后切成小块状，放入所有腌料（面粉除外）腌制约3分钟，备用。
2. 将腌好的鲈鱼肉块均匀沾上面粉，备用。
3. 将洋葱、红甜椒、黄甜椒、青甜椒均洗净切成小菱形块；大蒜洗净切片；所有调料搅拌均匀成酱汁，备用。
4. 将沾有面粉的鲈鱼肉块放入160℃的油（材料外）中炸成金黄色，备用。
5. 取炒锅，加入1大匙油烧热后，加入洋葱块、红甜椒块、黄甜椒块、青甜椒块、大蒜片，以中火爆香。
6. 再加入炸好的鲈鱼肉块翻炒均匀，最后倒入酱汁，一起煮至汤汁呈稠状即可。

蟹丝炒蛋

材料

鸡蛋3个，蟹味棒20克，葱丝12克，油2大匙

调料

盐1/4小匙，白胡椒粉1/6小匙，水淀粉1大匙

做法

1. 蟹味棒剥成丝，备用。
2. 鸡蛋打入容器中打散，再加入蟹味丝、葱丝和所有调料一起拌匀，备用。
3. 热锅，倒入2大匙油，再倒入拌匀后的鸡蛋液，以中火快速翻炒至蛋液凝固即可。

美味应用

炒蛋是最方便的，虽然单单炒蛋也很开胃下饭，但是如果多点变化则更具风味与营养。不过掺杂其他材料的蛋液没有单纯的蛋液受热均匀，如果要求短时间内做完，最好选择原本就是熟的材料，这样就能既快速又增添美味。

腐乳圆白菜

材料

圆白菜300克，红辣椒1个，大蒜1瓣，油1大匙

调料

麻油腐乳（辛辣味）20克，水45毫升，糖1/3小匙，米酒15毫升

做法

1. 圆白菜洗净，撕成片状；大蒜洗净去膜，切成片状；红辣椒洗净切成片状，备用。
2. 将所有调料混合调匀成酱汁，备用。
3. 热锅，加入1大匙油，以中火炒香蒜片后，依序加入红辣椒片、圆白菜片，继续以中火稍翻炒，最后倒入酱汁，转大火翻炒均匀即可。

大白菜炒魔芋

材料

大白菜400克，魔芋150克，姜片10克，葱段15克，油2大匙

调料

盐、鸡精各1/4小匙，胡椒粉少许，香油少许

做法

1. 大白菜洗净切片；魔芋泡水切条，备用。
2. 取锅，煮一锅沸水，依序放入大白菜片和魔芋条，汆烫后捞出，备用。
3. 热锅，倒入2大匙油，将姜片和葱段爆香后，放入大白菜片翻炒，再放入魔芋条略翻炒，最后加入所有调料炒至入味即可。

美味应用

处理大白菜的方式跟圆白菜差不多，先保留最外面那一层叶片，可防止水分散失，切开后没用完的部分也必须用保鲜膜包好，才能保存更久。

葱烧豆腐

材料

老豆腐1块，红辣椒1个，葱20克，油少许

调料

酱油1大匙，鸡精、糖各1/2小匙，水400毫升

做法

1. 老豆腐切厚片；红辣椒洗净切成碎状；葱洗净切段，备用。
2. 热锅，倒入少许油，放入老豆腐片煎至两面金黄。
3. 再加入葱段、红辣椒碎及所有调料煮至沸腾。
4. 盖上锅盖后转小火，焖煮至汤汁略干即可。

茄汁奶酪烩肉丸

材料

猪肉馅	300克
西红柿	约100克
红葱头	100克
大蒜	3瓣
洋葱	30克
香芹	50克
面粉	1大匙
奶酪丝	40克

调料

香油	1小匙
酱油	1小匙
豆蔻粉	1小匙
糖	1小匙
红酒	1大匙
鸡蛋清	35克
水	200毫升
番茄酱	2大匙
西式综合香料	少许
黑胡椒	少许
盐	少许

做法

❶ 大蒜、红葱头、香芹、洋葱均洗净切成碎状；西红柿洗净切片，备用。

❷ 将猪肉馅放入钢盆中，再依序加入大蒜碎、红葱头碎、香芹碎、洋葱碎与所有调料（水、番茄酱、糖除外），以手抓匀并摔出筋，再搓成小球状。

❸ 将每颗肉球包入少许奶酪丝，再沾上面粉，接着放入190℃的油中炸成金黄色，捞起沥油，备用。

❹ 取炒锅，加入水、番茄酱、糖，再加入炸好的肉丸、西红柿片，以中火煮10分钟至汤汁略收即可（可另加欧芹做装饰）。

PART 2

加热不变味的晚餐

劳碌了一天，很想一回来就能吃上香喷喷的晚餐？其实，您可以在前一天晚上做好第二天的菜，下班回来直接加热即可。另外，对于想要省钱又能吃得丰盛的人来说，自己带盒饭是最好的选择，直接在前一晚做好，中午放进微波炉加热就可以了。本章精选出多种隔夜加热也不变味的菜色，让您吃得省钱又省时。

西芹炒虾仁

材料

虾仁150克，西芹250克，玉米笋40克，蒜片10克，油2大匙

腌料

葱段、姜片各10克，盐少许，米酒1大匙

调料

盐1/4小匙，糖、胡椒粉各少许，米酒1小匙，水2大匙

做法

1. 虾仁洗净，加入所有腌料拌匀，腌制5分钟后过油，备用。
2. 将西芹和玉米笋洗净切块，放入沸水中汆烫一下，捞出沥干，备用。
3. 热锅，加入2大匙油，放入蒜片爆香后，再放入西芹块和玉米笋块翻炒，最后加入过油后的虾仁和所有调料炒至入味即可。

奶酪烤三文鱼

材料

三文鱼块、西蓝花各200克，蒜末5克，奶酪粉适量，橄榄油适量，黑胡椒粒少许

调料

盐1/4小匙，米酒少许

做法

1. 将三文鱼块洗净沥干后，抹上米酒、撒上盐。
2. 将西蓝花洗净切碎后放入碗中，加入蒜末、奶酪粉和橄榄油拌匀。
3. 将拌匀后的西蓝花碎均匀地抹在三文鱼块上，再撒上黑胡椒粒，最后放入预热过的烤箱中，烤10～12分钟即可。

咖喱猪肉饼

材料

猪肉馅　250克
洋葱末　30克
蒜末　10克
面粉　1大匙
油　少许

腌料

盐　1/4小匙
咖喱粉　少许
米酒　1大匙
糖　少许

调料

盐　少许
鸡精　少许
咖喱粉　1小匙
面粉　1大匙
水　230毫升

做法

1. 将猪肉馅剁成碎末状。
2. 先将猪肉末放入腌料中搅拌均匀，再放入洋葱末、蒜末、面粉和其他腌料，一同搅拌均匀后腌制15分钟，再均分成饼状。
3. 热锅，加入少许油，放入肉饼煎至双面上色。
4. 另取锅，将调料中的咖喱粉和面粉炒香，加水煮至浓稠后，再放入其他调料拌匀.
5. 最后淋在煎熟的肉饼上即可。

茄汁鲷鱼片

材料

鲷鱼	250克
姜片	10克
葱段	10克
洋葱丝	30克
熟青豆	10克
水淀粉	少许
面粉	适量
油	少许

调料

番茄酱	2大匙
盐	少许
糖	1小匙

腌料

盐	少许
胡椒粉	少许
米酒	2大匙
水淀粉	适量
蛋黄	20克
水	150毫升

做法

1. 将鲷鱼洗净切厚片，放入一容器中，加入腌料拌匀。
2. 姜片拍扁，和葱段一同放入装有鲷鱼片的容器中拌匀，腌制约15分钟。
3. 将腌好的鲷鱼片沾上面粉，放置约3分钟后，入热油中炸熟至上色，捞出备用。
4. 热锅，加入少许油，放入洋葱丝炒香后，加入熟青豆和所有调料炒匀，再以水淀粉勾芡。
5. 最后放入炸好的鲷鱼片，快速炒匀即可。

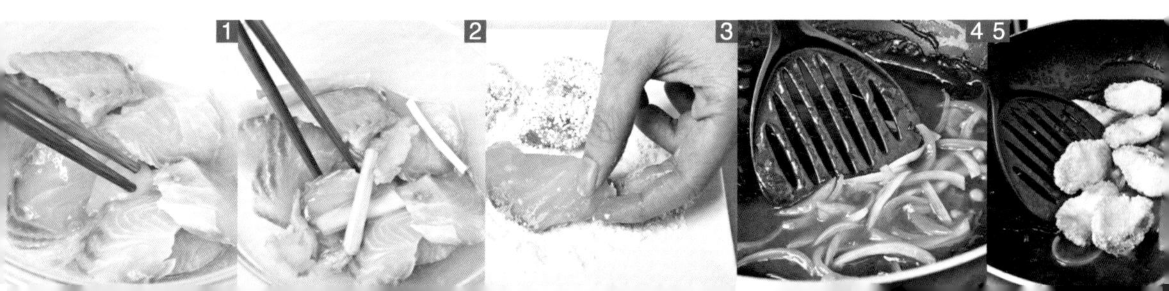

洋葱炒甜不辣

材料

甜不辣250克，洋葱丝50克，韭菜段20克，油2大匙

调料

盐少许，甜辣酱2大匙，水2大匙

做法

1. 将甜不辣放入沸水中汆烫一下，捞出沥干，备用。
2. 热锅，加入油，放入洋葱丝和韭菜段炒香。
3. 再放入汆烫后的甜不辣和所有调料，炒至入味即可。

胡萝卜炒豆皮

材料

胡萝卜300克，豆皮30克，蒜末、葱花各10克，香油2大匙

调料

盐、鸡精各1/4小匙，米酒1小匙，水100毫升

做法

1. 将豆皮放入热水中泡软后切丝；胡萝卜去皮洗净后切丝，备用。
2. 热锅，加入香油，放入蒜末爆香，再加入胡萝卜丝炒2分钟。
3. 接着放入泡软的豆皮丝和所有调料翻炒均匀，盖上锅盖，焖煮3分钟后炒至微干，最后拌入葱花即可。

南瓜炒虾仁

材料

虾仁	100克
南瓜块	250克
姜片	10克
葱段	15克
水	150毫升
油	2大匙

腌料

盐	1/4小匙
米酒	1/2小匙

调料

盐	1/4小匙
糖	少许
鸡精	少许

做法

1. 虾仁洗净，加入所有腌料拌匀，腌制5分钟后入沸水中稍汆烫，捞出泡冰水，备用。
2. 热锅，加入2大匙油，放入姜片和葱段爆香，再放入南瓜块稍翻炒，然后加入水，盖上锅盖，焖煮约6分钟。
3. 最后放入汆烫熟的虾仁和所有调料，炒至入味即可。

椒麻牛肉

材料

牛肉片	250克
洋葱丝	80克
青甜椒丝	20克
蒜末	10克
红辣椒片	10克
花椒粒	适量
油	2大匙

腌料

酱油	少许
米酒	1大匙
淀粉	少许
鸡蛋液	1/2大匙

调料

鱼露	1/2大匙
糖	1小匙
柠檬汁	1大匙
陈醋	1小匙

做法

❶ 牛肉片加入腌料拌匀，腌制5分钟后稍过油，备用。

❷ 热锅加油，放入花椒粒、蒜末、红辣椒片、洋葱丝炒香，再加入青甜椒丝翻炒均匀。

❸ 最后放入过油后的牛肉片和所有调料炒匀即可。

卤鸡腿、卤蛋

材料

鸡腿	500克
水煮蛋	3个
葱段	15克
姜片	10克
卤包(小)	1包
水	800毫升
油	2大匙

调料

盐	少许
酱油	120毫升
糖	1/2大匙
米酒	3大匙

做法

❶ 鸡腿洗净、稍汆烫，备用。

❷ 热锅，加入2大匙油，放入葱段、姜片爆香，再加入所有调料、水和卤包煮沸。

❸ 将汆烫后的鸡腿和水煮蛋放入锅中，再次煮沸后，转小火煮30分钟，熄火，泡至微凉后取出鸡腿和鸡蛋。其中鸡蛋可切开食用。

泡菜炒墨鱼

材料

墨鱼200克，泡菜150克，葱段15克，
蒜末10克，油2大匙

调料

盐、糖各少许，米酒1大匙

做法

1. 将墨鱼洗净，划花切片，放入沸水中稍汆烫后立刻捞出。
2. 热锅，加油，放入蒜末、葱段爆香，再放入汆烫后的墨鱼和泡菜炒1分钟，最后加入所有调料炒至入味即可。

培根炒芥蓝

材料

培根100克，芥蓝250克，蒜片10克，
红辣椒1个，油2大匙

调料

盐1/4小匙，鸡精少许，米酒1大匙

做法

1. 培根切小片；红辣椒洗净切小圈状；芥蓝洗净切段，放入沸水中稍汆烫，备用。
2. 热锅，加油，放入蒜片和培根片一起炒香，再放入汆烫后的芥蓝段和所有调料炒至入味即可（可另加欧芹做装饰）。

三蔬鸡丁

材料

鸡胸肉150克，蒜末10克，油2大匙，
小黄瓜丁、胡萝卜丁、玉米笋丁各50克

腌料

盐、糖、淀粉各少许，米酒1小匙

调料

盐适量

做法

1. 将鸡胸肉洗净切丁，加入腌料腌15分钟。
2. 小黄瓜丁加入少许盐拌匀，腌5分钟后，用清水洗一下，沥干备用。
3. 胡萝卜丁和玉米笋丁放入沸水中稍汆烫，捞起沥干，备用。
4. 热锅，加油，放入蒜末爆香，再放入腌过的鸡胸肉丁、小黄瓜丁、胡萝卜丁、玉米笋丁翻炒均匀，最后加入少许盐炒至入味即可。

黑木耳炒三蔬

材料

花椰菜、西蓝花各150克，黑木耳片40克，
胡萝卜片20克，蒜末10克，油2大匙

调料

盐1/4小匙，鸡精少许，香油少许

做法

1. 将花椰菜、西蓝花切小朵后洗净，和黑木耳片、胡萝卜片一起放入沸水中稍汆烫，备用。
2. 热锅，加油，放入蒜末爆香，再放入花椰菜、西蓝花、黑木耳片、胡萝卜片炒香，最后加入所有调料炒至入味即可。

油豆腐酿肉

材料

油豆腐	7块
猪肉馅	250克
蒜末	10克
姜末	5克
葱末	20克

调料

盐	少许

腌料

盐	少许
酱油	1大匙
糖	1/2小匙
米酒	1大匙
水	1大匙
香油	1小匙
淀粉	少许

做法

❶ 将每块油豆腐用剪刀剪开洞，备用。

❷ 将猪肉馅加入调料拌匀，再放入腌料拌匀。

❸ 接着放入蒜末、姜末、葱末一起搅拌均匀后，腌20分钟，备用。

❹ 将腌好的猪肉馅均匀填入剪有洞的油豆腐中，备用。

❺ 将填有肉馅的油豆腐放入盘中，再放入电锅内锅中，外锅加入1杯水，按下开关，蒸至开关跳起后闷5分钟即可。

香煎里脊肉排

材料

猪里脊肉排	250克
葱段	15克
姜片	15克
蒜末	15克
油	少量

调料

酱油	2大匙
糖	1小匙
米酒	2大匙
面粉	1小匙
胡椒粉	少许
五香粉	少许

做法

❶ 将猪里脊肉排洗净、沥干，再用肉槌拍扁。
❷ 然后用菜刀切断肉筋。
❸ 将处理好的猪里脊肉排放入所有调料（面粉除外）、葱段、姜片和蒜末拌匀，腌30分钟。
❹ 然后放入面粉抓匀，备用。
❺ 热平底锅，加入少量油，放入腌好的猪里脊肉排稍煎并翻面，煎至熟并上色即可。

红烧五花肉

材料

猪五花肉600克，葱段15克，八角2粒，红辣椒段10克，大蒜3瓣，水500毫升，油2大匙

调料

酱油60毫升，冰糖1小匙，米酒50毫升，盐少许

做法

1. 将猪五花肉洗净切块，备用。
2. 热锅，放油，放入猪五花肉块炒至肉色变白后，再放入葱段、大蒜、红辣椒段和八角炒香。
3. 接着放入所有调料炒约3分钟，再加入水煮沸，盖上锅盖，以小火续煮约40分钟，再打开锅盖，继续烧煮至入味即可。

香煎鱼饼

材料

鲜鱼肉300克，姜泥5克，蒜末、芹菜末各10克，葱末15克，面粉30克，鸡蛋液20毫升，油适量

调料

盐、鸡精各1/4小匙，胡椒粉少许，酱油少许，米酒1大匙

做法

1. 将鲜鱼肉切末，加入姜泥、蒜末、葱末、芹菜末一同剁碎后，放入容器中。
2. 再加入所有调料拌匀，接着加入鸡蛋液、面粉搅拌均匀，腌制15分钟。
3. 将腌过的鲜鱼肉做成鱼饼形状，备用。
4. 取平底锅，加入适量油烧热，将鱼饼煎熟至两面上色即可。

山药炒芦笋

材料

山药150克，芦笋120克，胡萝卜30克，蒜末10克，水50毫升，油2大匙

调料

盐、鸡精各1/4小匙

做法

1. 将山药去皮洗净，切成条状，备用。
2. 芦笋洗净切段；胡萝卜洗净、去皮、切条。
3. 热锅，加油，放入蒜末以小火爆香，再放入山药条、芦笋段和胡萝卜条一起翻炒均匀。
4. 接着加入水，翻炒1分钟后加入所有调料炒熟即可。

卤豆干

材料

小豆干400克，八角2粒，干红辣椒1克，桂皮、白胡椒粒各2克，水500毫升，油3大匙

调料

酱油70毫升，冰糖15克

做法

1. 小豆干洗净，放入沸水中稍汆烫后捞出，沥干备用。
2. 热锅，加入3大匙油，放入八角、桂皮、干红辣椒和白胡椒粒炒香，再加入所有调料炒匀。
3. 接着放入小豆干稍翻炒，续加入水煮沸，再以小火卤20分钟即可。

味噌烧鸡肉

材料

去骨鸡腿肉	300克
白萝卜	300克
葱段	15克
味噌	80克
水	400毫升

调料

味啉	80毫升
米酒	30毫升
糖	少许

做法

1. 将去骨鸡腿肉洗净，放入沸水中稍汆烫，捞出冲水，沥干后切小块，备用。
2. 将白萝卜去皮洗净切块，放入沸水中煮10分钟，备用。
3. 取锅，加400毫升水煮沸，放入汆烫过后的鸡腿肉块和煮过的白萝卜块。
4. 味噌加少量水拌匀，备用。
5. 待锅中汤汁煮开后，将拌匀后的味噌和所有调料放入锅中，继续煮15～20分钟，最后撒上葱段即可。

腐皮豆腐卷

材料

老豆腐	1/2盒
豆腐皮	1张
虾仁	40克
姜末	10克
荸荠	3个
芹菜末	15克
面粉	适量
面糊（做法见23页）	适量
油	适量

调料

盐	少许
糖	少许
胡椒粉	少许
米酒	1小匙

做法

1. 将老豆腐压碎。
2. 荸荠去皮洗净剁碎，虾仁洗净剁碎，一同放入老豆腐碎中抓匀。
3. 再加入所有调料搅拌均匀后，加入面粉、姜末和芹菜末拌匀成内馅，备用。
4. 豆腐皮剪成4小张，铺平，放入适量内馅包好，封口涂上面糊封好，即成豆腐皮卷。将豆腐皮卷放入热油中，以小火炸至浮起，再转大火炸至金黄后捞起，沥油盛盘即可。

1

2

3 4

豆豉蒸排骨

材料

排骨200克，豆豉20克，油少许，
蒜末、红辣椒末、葱末各10克

腌料

糖1/4小匙，米酒1大匙，胡椒粉少许，面粉适量

做法

1. 将排骨洗净斩断，加入所有腌料拌匀腌制10分钟。
2. 热锅，加入少许油，放入蒜末、红辣椒末和豆豉炒香，再取出备用。
3. 将腌好的排骨和上一步炒香的炒料拌匀，再一同放入电锅内锅中，外锅加入1.5杯水，按下开关，待开关跳起后续焖10分钟，最后加入葱末即可。

松板肉炒杏鲍菇

材料

松板肉150克，杏鲍菇120克，蒜苗50克，
红辣椒片10克，油2大匙

调料

盐1/4小匙，鸡精少许，酱油少许，米酒1大匙

做法

1. 松板肉、杏鲍菇均洗净切片；蒜苗洗净切段，分切蒜白和蒜绿。
2. 热锅加油，放入蒜白炒香，再放入松板肉片和杏鲍菇片炒约2分钟。
3. 续向锅中放入蒜绿、红辣椒片和所有调料，炒至入味即可。

娃娃菜炒魔芋

材料

娃娃菜200克，魔芋100克，鲜香菇2朵，姜片10克，油2大匙

调料

盐1/4小匙，糖、胡椒粉各少许

做法

1. 将娃娃菜洗净，头部切掉一些后再切开；鲜香菇洗净切片。
2. 魔芋洗净，泡水15分钟后捞出，放入沸水中稍汆烫，捞出沥干，备用。
3. 热锅加油，放入姜片爆香，再放入鲜香菇片炒香，续放入娃娃菜略炒。
4. 再向锅中放入魔芋和所有调料翻炒均匀，即可盛盘。

咸蛋黄炒墨鱼

材料

墨鱼250克，咸鸭蛋黄80克，姜末6克，蒜末5克，葱末10克，油2大匙

腌料

米酒1小匙，盐、淀粉各少许

调料

米酒1大匙，盐、鸡精、胡椒粉各少许

做法

1. 将墨鱼洗净切条，加入腌料腌5分钟后，放入热油中稍过油。
2. 咸鸭蛋黄切末，备用。
3. 热锅加油，放入咸鸭蛋黄末炒香，再放入姜末、蒜末、葱末、腌制过的墨鱼条和所有调料，炒至入味即可。

椒盐小棒腿

材料

鸡翅根	400克
蒜末	10克
红辣椒末	10克
葱末	10克
面粉	适量
油	少许

调料

盐	少许
胡椒粉	少许

腌料

姜片	10克
葱段	10克
酱油	1/2大匙
盐	少许
糖	少许
米酒	1大匙
鸡蛋液	2大匙

做法

❶ 将鸡翅根洗净，依序加入所有腌料。

❷ 再用手抓匀，腌制1小时，备用。

❸ 将腌好的鸡翅根均匀沾裹上面粉，再放置5分钟。

❹ 热锅，放入裹有面粉的鸡翅根，炸熟至上色后捞出沥油。

❺ 另热锅，加入少许油，放入蒜末、红辣椒末、葱末爆香，再放入炸好的鸡翅根炒香，最后放入所有调料炒至入味即可。

洋菇炒豌豆角

材料

洋菇、豌豆角各150克，胡萝卜片少许，蒜末10克，油2大匙

调料

盐、鸡精各1/4小匙，米酒1小匙，水3大匙

做法

1. 将洋菇洗净切片；豌豆角去头尾、洗净。
2. 热锅加油，放入蒜末爆香，再放入洋菇片稍翻炒，续放入豌豆角和胡萝卜片炒匀，最后加入所有调料炒至入味即可。

酱爆茄子

材料

茄子250克，猪肉片80克，罗勒叶15克，蒜片、红辣椒片各10克，油1大匙

腌料

酱油少许，糖、淀粉各少许

调料

酱油1/2大匙，糖1/2大匙，辣豆瓣酱1小匙

做法

1. 将猪肉片加入腌料拌匀，腌制10分钟，备用。
2. 茄子洗净切圆段，放入热油中炸至微软取出；再放入腌好的猪肉片过油捞出。
3. 热锅加油，放入蒜片、红辣椒片炒香，再放入炸好的茄子段和过油后的猪肉片翻炒均匀，最后放入所有调料和罗勒炒至入味即可。

PART 3

既经典又入味的晚餐

本章介绍多道一直受大众欢迎的菜色，任您选择，让您的晚餐不再那么单调，只要掌握方法，您也能在最短的时间内将它们做出来。例如，可将肉类切成丁状或薄薄的片状，或者将肉类事先油炸至七八成熟再烹饪，这样菜会更快熟。对于较难煮熟的食材，可事先用热水汆烫之后，再拿来烹饪，同样能加快做菜的速度。

美味应用 鸡胸肉丁先腌、再入锅炒至八成熟后盛起，等其他的酱料都炒好后，再加入半熟的鸡丁略翻炒，更能保持鸡丁的鲜嫩口感。

酱爆鸡丁

材料

鸡胸肉200克，红辣椒1个，青甜椒60克，姜末、蒜末各10克，油3大匙

调料

淀粉、米酒、白糖、水淀粉、香油各1小匙，盐3/8小匙，鸡蛋清、沙茶酱各1大匙，水2大匙

做法

1. 鸡胸肉洗净切丁，加入淀粉、1/8小匙盐、鸡蛋清抓匀，腌制约2分钟，备用。
2. 红辣椒去籽洗净切片；青甜椒洗净切成小片，备用。
3. 取锅烧热，倒入2大匙油，加入腌好的鸡胸肉丁，以大火快炒1分钟至八成熟捞出。
4. 洗净锅子，倒入1大匙油烧热，以小火爆香蒜末、姜末、红辣椒片及青甜椒片，再加入剩余调料（水淀粉、香油除外）炒匀。
5. 接着加入半熟的鸡胸肉丁，以大火快炒5秒后，加入水淀粉勾芡，最后淋上香油即可。

葱烧鸡腿肉

材料

去骨鸡腿排1块，葱花20克，洋葱50克，大蒜3瓣，红辣椒1个，小豆苗适量，油1大匙

调料

酱油1大匙，番茄酱1小匙，米酒1小匙，盐、黑胡椒粉、鸡精各少许

做法

1. 将去骨鸡腿排洗净，切成块状，备用。
2. 将洋葱洗净切成小丁状；大蒜、红辣椒洗净切成片状，备用。
3. 锅烧热，加油，再加入去骨鸡腿块以中火爆香。
4. 接着加入洋葱丁、大蒜片、红辣椒片、葱花与所有调料，以中火翻炒均匀，最后以小豆苗装饰即可。

美味应用 葱烧菜肴要入味，除了葱的分量要足之外，主食材下锅前还可先将葱爆香，这样才能使其香气充分散发出来，而葱的辛辣味也会在高温下转变成甘甜的味道。

黄花菜焖鸡肉

材料

鸡肉块400克，干黄花菜15克，碧玉笋50克，蒜苗段适量，红辣椒1个，油适量，水少许

调料

酱油1小匙，素蚝油1大匙，糖1/2小匙，盐少许

做法

1. 干黄花菜洗净，泡水至软后打结；碧玉笋洗净后，去头切小段；红辣椒洗净切段，备用。
2. 鸡肉块洗净，放入沸水中汆烫后捞出。
3. 起锅热油，放入大蒜与红辣椒段爆香，再放入鸡肉块炒香，最后放入调料翻炒均匀。
4. 再将少许水和黄花菜加入锅内，焖煮约15分钟后，加入碧玉笋段，待熟后即可起锅。

竹笋焖鸡腿

材料

鸡腿、竹笋各300克，姜、葱各10克，红辣椒15克，水适量，油2大匙

调料

酱油、黄酒各2大匙，蚝油1大匙，冰糖1/2小匙，盐少许

做法

1. 鸡腿洗净切块；竹笋去壳洗净切块；姜、红辣椒洗净切片；葱洗净切段，备用。
2. 热锅，倒入2大匙油，放入姜片和鸡腿块翻炒至鸡腿块表皮微焦，续放入竹笋块和所有调料炒匀。
3. 再向锅中倒入适量的水（水量盖过所有食材），煮至沸腾后，改小火焖煮40分钟，接着放入葱段和红辣椒片，再煮2分钟即可盛盘。

四季豆炒鸡柳

材料

鸡胸肉	120克
四季豆	160克
胡萝卜	40克
蒜末	10克
油	2大匙

腌料

盐	少许
糖	少许
淀粉	少许
米酒	1大匙

调料

盐	1/4小匙
鸡精	少许
胡椒粉	少许

做法

1. 将鸡胸肉洗净切条，加入腌料腌15分钟，备用。
2. 四季豆洗净、去头尾、切段；胡萝卜去皮洗净切条，放入沸水中汆烫1分钟。
3. 热锅，加入2大匙油，放入蒜末爆香，续放入鸡胸肉条炒至肉色变白。
4. 接着放入四季豆段、胡萝卜条和所有调料，炒至入味即可。

蚝油鸡炒香菇

材料

鲜香菇100克，鸡胸肉30克，胡萝卜5克，甜豆2克，蒜片1/4小匙，油少许

调料

蚝油1/2大匙，高汤2大匙，白糖1/4小匙，香油1/4小匙

做法

1. 鲜香菇洗净、去蒂、切片；鸡胸肉去筋膜、洗净、切片，备用。
2. 胡萝卜去皮、洗净、切片；甜豆去头、尾、两侧粗丝后洗净，备用。
3. 热锅，加入少许油，放入蒜片爆香后，加入鲜香菇片和胡萝卜片炒香，再加入所有调料、鸡胸肉片以及甜豆，以大火翻炒均匀即可。

糖醋鸡米花

材料

鸡胸肉200克，面粉适量，水200毫升，油适量，洋葱丁、红甜椒丁、黄甜椒丁各30克，水淀粉少许

调料

番茄酱、糖各2大匙，白醋2大匙，水150毫升，盐少许，米酒1大匙

腌料

盐少许，糖少许，淀粉少许，米酒1大匙

做法

1. 将鸡胸肉洗净切小丁，放入腌料拌匀后，腌制15分钟，再沾上面粉，备用。
2. 将腌好的鸡胸肉丁放入热油中，炸熟至上色后捞出；接着放入洋葱丁、红甜椒丁、黄甜椒丁过油后捞出，与炸熟的鸡胸肉丁拌匀，即做成鸡米花。
3. 另热锅，加入少许油，放入番茄酱稍炒，续加入水和剩余调料稍煮，再加入水淀粉勾芡，做成酱汁。
4. 最后将酱汁淋在做好的鸡米花上即可。

瓜仔鸡肉

材料

鸡腿肉600克，酱黄瓜1罐，油1大匙，姜片、葱段各15克，水300毫升

调料

盐少许，米酒1大匙

做法

1. 将鸡腿肉洗净切块，放入沸水中氽烫至变色。
2. 热锅加油，放入姜片爆香，再放入鸡腿肉块翻炒至香味散出。
3. 再向锅中加入酱黄瓜汁、水和所有调料，盖上锅盖，煮约15分钟后，放入酱黄瓜和葱段，一同烧煮入味即可。

香菇卤鸡肉

材料

鸡肉块600克，干香菇10朵，葱段20克，水800毫升，油2大匙

调料

酱油4大匙，冰糖1小匙，盐1/4小匙，米酒1大匙

做法

1. 鸡肉块烫熟；干香菇洗净、泡软、去梗，备用。
2. 热锅加油，放入泡软的香菇、葱段爆香，再放入鸡肉块和所有调料炒香。
3. 续向锅中倒入水煮沸后，再以小火卤约15分钟即可。

美味应用

干香菇虽然价格较高，但是香气较鲜香菇浓郁，用来卤鸡肉相当对味。摘去的香菇梗先别丢，用来做其他菜，一样美味。

香煎味噌猪排

材料

猪里脊肉排200克，蒜泥、姜泥各5克，熟白芝麻少许，油少许

调料

味噌酱1小匙，糖1小匙，酱油、米酒各1大匙

做法

1. 将猪里脊肉排切成厚约0.4厘米的肉片，再用刀尖在猪里脊肉排的筋上划上数刀。
2. 取一容器，放入蒜泥、姜泥及所有调料拌匀。
3. 再放入猪里脊肉片抓匀，覆上保鲜膜腌制约20分钟，备用。
4. 热平底锅，加入少许油，将腌好的猪里脊肉片放入，以小火煎约3分钟至两面焦香上色后，撒上熟白芝麻即可。

葱爆五花肉

材料

猪五花肉300克，红辣椒15克，葱段100克，油2大匙

调料

酱油2大匙，糖1小匙，盐少许，米酒1大匙

做法

1. 将猪五花肉洗净烫熟后切条；红辣椒洗净后切丝；葱段分切葱白与葱绿，备用。
2. 热锅加油，放入猪五花肉条炒至油亮后取出，备用。
3. 原锅放入葱白爆香后，加入红辣椒片、葱绿和炒过的猪五花肉条一同翻炒，再加入所有调料翻炒均匀即可。

糖醋里脊

材料

猪里脊肉	250克
青甜椒	50克
洋葱	50克
西红柿	20克
淀粉	适量
油	适量

调料

淀粉	1小匙
香油	1小匙
米酒	1/2小匙
盐	1/8小匙
鸡蛋液	1大匙
水淀粉	1大匙
糖	3大匙
番茄酱	2大匙
白醋	2大匙
水	2大匙

做法

1. 将猪里脊肉切成厚约2厘米的方块，加入调料中的淀粉、米酒、盐、鸡蛋液拌匀，腌制约5分钟，备用。
2. 青甜椒、洋葱及西红柿均洗净沥干，切小块。
3. 将腌好的猪里脊肉块均匀裹上材料中的淀粉，并用手捏紧，防淀粉脱落。
4. 取锅烧热，倒入2碗油，放入裹有淀粉的猪里脊肉块，以中小火炸约5分钟至熟，捞起沥油，备用。
5. 另取锅加热，倒入少许油，加入青甜椒块、洋葱块、西红柿块及番茄酱、白醋、糖和水，一同煮沸后，加入水淀粉勾芡，最后放入炸好的猪里脊肉块翻炒均匀，淋上香油即可。

京酱肉丝

材料

猪肉丝250克，葱60克，油2大匙，红辣椒丝适量

调料

甜面酱3大匙，番茄酱、糖各2小匙，香油1大匙，水淀粉1小匙，水50毫升

做法

1. 先将葱洗净后切丝，置于盘中垫底。
2. 热锅，倒入油，将猪肉丝与水淀粉抓匀后下锅，以中火炒至猪肉丝变白。
3. 再加入水、甜面酱、番茄酱及糖，续炒至汤汁略收干后，加入香油炒匀，即可熄火。
4. 将炒好的猪肉丝盛至葱丝上，最后撒上红辣椒丝装饰即可。

香葱猪肉卷

材料

梅花肉片6片，葱、洋葱各60克，面糊（做法见23页）适量

调料

胡椒粉少许，盐适量

做法

1. 葱洗净切段；洋葱洗净切丝，备用。
2. 将梅花肉片铺平，撒上少许盐，放入葱段和洋葱丝卷起，封口抹上面糊，再放入热油中炸熟取出。
3. 取少许盐和胡椒粉混合成胡椒盐，搭配猪肉卷蘸食即可。

在猪肉卷的封口沾上少许面糊，能够让猪肉卷不散开，在油炸的时候要将封口朝下放入锅中，先让面糊的部分炸至固定形状。

芝麻酱汁炒肉片

材料

猪肉片200克，圆白菜丝适量，熟白芝麻少许，姜汁10毫升，香油2大匙

调料

酱油1大匙，糖1小匙，米酒2大匙

做法

1. 将圆白菜丝泡入冰水中冰镇小会儿，再取出沥干，放入盘中备用。
2. 热锅，加入2大匙香油，放入猪肉片炒至肉色变白后，加入姜汁和所有调料炒至入味，再放入熟白芝麻炒匀。
3. 最后盛入放有圆白菜丝的盘中即可。

美味应用

姜汁可以依照个人喜好酌情增加，少量的姜汁用磨泥器磨好后过滤掉泥；多量的话可以放入调理机打成汁比较方便。

干烧排骨

材料

排骨500克，洋葱100克，姜末、红葱末各10克，蒜末15克，油2大匙

调料

甜辣酱4大匙，水200毫升，米酒1大匙，糖2大匙

做法

1. 排骨洗净剁小块；洋葱洗净切丝，备用。
2. 热锅加油，放入洋葱丝、姜末、蒜末及红葱末，以小火爆香，接着加入甜辣酱炒香，再放入排骨块及其他调料炒匀。
3. 盖上锅盖，以小火慢煮约20分钟至排骨块熟软后，打开锅盖，煮至汤汁收干即可。

蒜子烧肉

材料

猪五花肉	400克
大蒜	100克
姜片	20克
干红辣椒	4克
花椒	2克
油	适量

调料

酱油	1大匙
蚝油	2大匙
黄酒	50毫升
糖	1大匙
水	600毫升

做法

1. 猪五花肉洗净切块，加入少许酱油拌匀略为腌制上色。
2. 热锅至油温约150℃，放入大蒜炸至金黄后捞出，沥油备用。
3. 接着将腌好的猪五花肉块放入锅中，炸至表面略焦黄后，捞出备用。
4. 锅底留少许油，以小火爆香姜片、干红辣椒及花椒至微焦。
5. 再将炸好的大蒜、猪五花肉块放入锅中，接着加入蚝油、酱油及糖炒匀。
6. 最后加入水和黄酒煮沸，再盖上锅盖，转小火，焖煮约30分钟至汤汁略干后即可。

美味应用

在做蒜子烧肉时，将猪五花肉先腌再炸，不但能让猪五花肉的色泽变亮、味道更香，还能逼出猪五花肉中多余的油脂，并将肉汁锁在肉里，让整道菜更美味。

芋头扣肉

材料

猪五花肉	300克
芋头	230克
姜末	10克
蒜末	10克
红辣椒末	10克
西蓝花	适量

调料

酱油	2大匙
米酒	2小匙
红腐乳	1大匙
糖	2小匙
水	150毫升
水淀粉	1/2大匙
香油	1小匙

做法

1. 将猪五花肉洗净放入电锅内锅，外锅加约1杯水，盖上锅盖，按下开关，蒸至开关跳起后，取出放凉；西蓝花入沸水汆烫至熟后取出，备用。
2. 将蒸熟的猪五花肉切成厚约0.5厘米的片状，再加入姜末、蒜末及酱油、米酒拌匀，腌制约5分钟。芋头切成厚约0.5厘米的片状，备用。
3. 取一碗，依序排入腌好的猪五花肉片及芋头片，以一片叠一片的方式排放。
4. 将红腐乳、糖、水拌匀成酱汁，淋在上一步叠好的食材上，再将碗放入电锅内锅中，外锅加约1杯水，盖上锅盖，按下开关，蒸至开关跳起，取出碗倒扣至盘上（留下汤汁备用），以烫熟的西蓝花及红辣椒末装饰。
5. 另取锅，取5大匙汤汁加入煮沸，再加入水淀粉勾芡，接着洒上香油，最后淋在盘中的食材上即可。

大黄瓜炒贡丸

材料

大黄瓜350克，贡丸150克，蒜末2小匙，
红辣椒1个，胡萝卜1/2根，水淀粉、油各适量

调料

盐、鸡精各1小匙，糖1/2小匙，米酒1大匙，
水240毫升

做法

1. 大黄瓜去皮洗净，对剖成4份长条后去籽，再切成菱形块，然后放入沸水中稍汆烫，捞出备用。
2. 贡丸洗净对切；胡萝卜、红辣椒均洗净切片，备用。
3. 热锅，倒入适量的油，放入蒜末与红辣椒片爆香，再放入大黄瓜块、贡丸、胡萝卜片及所有调料煮至汤汁沸腾。
4. 转小火，盖上锅盖，焖煮至贡丸膨涨后，以水淀粉勾芡即可。

五香焢肉

材料

葱20克，姜1小块（约25克），大蒜5瓣，
八角3粒，水500毫升，猪五花肉600克，
油4大匙

调料

酱油500毫升，冰糖15克，米酒30毫升，
五香粉2克，白胡椒粉1小匙

做法

1. 葱洗净切段；姜洗净切片；大蒜洗净拍破去皮，备用。
2. 热锅，倒入2大匙油，放入葱段、姜片、大蒜爆香至微焦，放入所有调料及八角炒香。
3. 再全部移入深锅中，加入水500毫升煮至沸腾，即成卤汁，备用。
4. 将猪五花肉洗净、切大片状，备用。
5. 热锅，倒入2大匙油，放入猪五花肉片煎至两面上色，即可取出。
6. 将煎好的猪五花肉片放入卤汁中煮至沸腾后，改小火续卤至肉片软烂即可。

粉蒸肉

材料

猪后腿肉150克，红薯100克，蒜末20克，姜末10克，香菜少量

调料

辣椒酱1大匙，酒酿、香油各1大匙，水50毫升，蒸肉粉3大匙，甜面酱、糖各1小匙

做法

1. 猪后腿肉洗净切片，和姜末、蒜末、辣椒酱、酒酿、甜面酱、白糖、水一起拌匀，腌制约5分钟。红薯去皮洗净切小块，备用。
2. 热锅至油温约150℃，将红薯块放入锅中，以小火炸至表面呈金黄色后取出沥油，备用。
3. 将腌好的猪后腿肉片加入蒸肉粉及香油拌匀，再将炸好的红薯块放置盘上垫底，接着铺上拌匀的猪后腿肉片。
4. 再一同放入蒸笼中，以大火蒸约20分钟至熟后取出，放上香菜装饰即可。

土豆炖肉

材料

土豆350克，猪肉块300克，菜豆50克，洋葱片100克，油2大匙

调料

酱油、米酒各2大匙，盐1/4小匙，味啉30毫升，水650毫升

做法

1. 将土豆洗净、去皮、切块，入热油中稍炸；菜豆洗净氽烫，备用。
2. 热锅加油，加入洋葱片爆香后取出。接着放入猪肉块炒至肉色变白，再加入所有调料（水除外）炒匀。
3. 再于锅中加水煮沸后，盖上锅盖，以小火炖约30分钟至肉块软烂，接着放入爆香后的洋葱、炸好的土豆块和氽烫过的菜豆，炖煮约30分钟即可。

白菜狮子头

材料

老豆腐	150克
猪肉馅	200克
荸荠碎	50克
姜末	10克
葱末	10克
鸡蛋	1个
大白菜	400克
葱段	20克
姜丝	15克
油	200毫升
香菜	少许

调料

盐	1/2小匙
糖	2小匙
米酒	1大匙
白胡椒粉	1/2小匙
香油	1小匙
水	600毫升
酱油	115毫升

做法

1. 老豆腐入沸水中氽烫约10秒后，捞起冲凉，再压成泥；大白菜切大块，洗净；将鸡蛋打入一碗中，搅打均匀，备用。
2. 将猪肉馅放入钢盆中，加入少许盐搅拌至有黏性，再加入糖1小匙及搅打均匀的鸡蛋液拌匀，续加入荸荠碎、豆腐泥、葱末、姜末及盐、酱油15毫升、米酒、白胡椒粉、香油拌匀，然后将猪肉馅平均分成4份，用手掌揉成圆球形，即狮子头。
3. 热锅，倒入200毫升油，将狮子头下锅，以中火炸至狮子头表面定形且略焦后取出，备用。
4. 取炖锅，将葱段、姜丝放入锅中垫底，再依序放入煎好的狮子头及水、酱油100毫升、糖1小匙。
5. 以大火烧开后转小火续煮约30分钟，再加入大白菜块煮约15分钟至大白菜软烂，最后以香菜装饰即可。

香菇卤肉臊

材料

猪五花肉	600克
猪肥肉	150克
干香菇	6朵
红葱头	150克
葱	50克
姜片	5片

调料

酱油	200毫升
黄酒	300毫升
冰糖	1大匙
水	800毫升

做法

1. 猪五花肉、猪肥肉均洗净，放入沸水中汆烫后捞起，以冷水冲洗去油，再剁成碎丁状；干香菇洗净，以温水泡软后切成细末；红葱头、葱、姜片分别洗净、切细末，备用。
2. 热锅加油，放入猪肥肉碎以中火逼出油脂，再彻底炒干成肉渣即可捞出肉渣，留油于锅中。
3. 锅中放入香菇末及红葱头末炒香，再放入猪五花肉碎炒至肉色变白，接着放入肉渣稍翻炒。
4. 再加入葱末、姜末爆香，倒入酱油炒香，然后加入黄酒、冰糖、水，以大火煮开，最后全部倒入砂锅中，以小火慢卤1个小时即可。

芋头炖排骨

材料

芋头450克，排骨300克，蒜苗段15克，香菇3朵，油2大匙

调料

酱油2大匙，盐1/2小匙，鸡精1/4小匙，胡椒粉少许，米酒1大匙，水600毫升

做法

1. 将芋头洗净、去皮、切块，入热油中炸熟后，捞出沥油；香菇洗净切块，备用。
2. 将排骨斩段、洗净、汆烫，备用。
3. 热锅加油，加入蒜苗段及香菇块爆香，再加入汆烫后的排骨及600毫升水煮沸后，盖上锅盖，以小火炖40分钟。
4. 于锅中加入炸熟的芋头块及其余调料，续炖约20分钟至排骨软烂，起锅前再焖10分钟即可。

莲藕烩肉片

材料

莲藕300克，猪肉片150克，甜豆30克，胡萝卜20克，姜片10克，水200毫升，油2大匙

腌料

盐、淀粉各少许，酱油1/2小匙，米酒1小匙

调料

盐、糖各1/4小匙，米酒1小匙，蚝油1/2小匙，香油少许，水淀粉、糯米醋各适量

做法

1. 莲藕去皮洗净切片，与水及糯米醋煮10分钟。
2. 胡萝卜洗净、切片；甜豆去头尾、洗净。
3. 猪肉片加入腌料腌制约10分钟后过油。
4. 热锅，加入2大匙油，加入姜片爆香，再加入胡萝卜片及甜豆以中火翻炒，最后加入煮后的莲藕片（连同汤汁）煮沸。
5. 续加入过油后的猪肉片及剩余调料（水淀粉和香油除外）以中火炒匀，接着加入水淀粉勾芡，最后淋上香油即可。

南瓜烧肉

材料

梅花肉、南瓜各300克，红葱末20克，姜末10克，水200毫升，油1大匙

调料

甜辣酱4大匙，糖1小匙

做法

1. 梅花肉洗净切小块；南瓜去皮、去籽后洗净切小块，备用。
2. 热锅，加入1大匙油，放入红葱末、姜末以小火爆香，再放入梅花肉块，以大火翻炒至肉色变白。
3. 接着加水煮沸后，再改小火煮约2分钟。
4. 续向锅中放入南瓜块，盖上锅盖，以小火续煮约5分钟至汤汁略浓稠，最后加入所有调料炒匀即可。

蒜泥白肉

材料

梅花肉片300克，大蒜2瓣，嫩姜丝少许

调料

酱油、冷开水各2大匙，糖1小匙，香油少许

做法

1. 将所有调料混合调匀成酱汁，备用。
2. 大蒜切末后，加入酱汁拌匀，即为蒜茸酱，备用。
3. 取锅，倒入1/3锅的水煮至沸腾，放入梅花肉片汆烫至熟后，捞起沥干排盘，再淋上蒜茸酱，最后摆上嫩姜丝即可（可另加香菜做装饰）。

双笋炒牛柳

材料

牛肉150克，竹笋、芦笋各80克，
蒜末、红辣椒圈各10克，油1大匙

腌料

酱油、鸡蛋液各少许，淀粉少许，米酒1/2大匙

调料

盐1/4小匙，鸡精、胡椒粉各少许，米酒1大匙

做法

1. 将牛肉洗净切条，再加入腌料拌匀，腌15分钟后稍过油。
2. 竹笋洗净切条，芦笋洗净切段。
3. 热锅，加入1大匙油，放入蒜末、红辣椒圈爆香，再放入竹笋条和芦笋段稍翻炒。
4. 续向锅中放入过油后的牛肉条和所有调料，炒至入味即可。

彩椒牛小排

材料

牛小排150克，红甜椒、黄甜椒各20克，
大蒜3瓣，油适量

调料

黑胡椒酱2大匙，水300毫升

做法

1. 红甜椒、黄甜椒均洗净切碎炒香，再与所有调料炒匀，即为彩椒黑胡椒酱。大蒜洗净切片，备用。
2. 热锅，加适量油，放入蒜片爆香，再将牛小排放入，以中大火煎约2分钟翻面，续煎2～3分钟至八成熟时起锅排盘，最后淋上彩椒黑胡椒酱即可（可另加烫熟的西蓝花做装饰）。

美味应用

市售的调味酱口感较普通，在家简单加点材料炒匀，又是一个新口味，菜色变化就是这么简单。

红烧牛腩

材料

牛腩600克，白萝卜块200克，胡萝卜块150克，卤包1包，姜片15克，月桂叶3片，油2大匙，水800毫升

调料

米酒、酱油各3大匙，糖1小匙，盐1/4小匙，番茄酱1.5大匙

做法

1. 将牛腩洗净、切块、汆烫；白萝卜块及胡萝卜块汆烫，备用。
2. 热锅，加入2大匙油，爆香姜片后，加入汆烫后的牛腩块略炒，再加入所有调料炒匀。
3. 于锅中加水煮沸，再加入月桂叶及卤包，盖上锅盖，以小火卤40分钟，接着放入白萝卜块、胡萝卜块，以小火卤约30分钟至食材软烂，再焖10分钟即可。

美味应用

卤牛腩时务必盖紧锅盖，再改成小火慢卤，起锅前一定要再焖10分钟，如此一来，卤好的牛腩口感才会软烂而不柴。白萝卜及胡萝卜吸取了卤汁与牛腩汁后，口感多汁又入味。

红酒牛腩锅

材料

牛腩块500克，西芹块20克，橄榄油1大匙，洋葱块、胡萝卜块各30克，西红柿块100克，土豆块200克

调料

红酒300毫升，盐1/2小匙，百里香1/4小匙，高汤3000毫升，番茄糊 1大匙

做法

1. 炖锅内放入橄榄油烧热后，加入牛腩块煎至金黄色。
2. 再加入洋葱块和西芹块炒香。
3. 续放入剩余材料及所有调料，煮沸后改小火炖煮约1小时即可。

美味应用

红酒牛肉要炖得好吃，牛肉的选择和处理很重要。最好选择有油花的牛腩部位，久炖不干涩，炖煮前要先用油煎过，吃起来才更香。

芹菜牛肉煲

材料

牛肉片	150克
杏鲍菇	120克
蒜末	10克
姜末	15克
西芹	50克
红辣椒片	20克
油	适量

腌料

水	1大匙
淀粉	1小匙
酱油	1小匙
鸡蛋清	1大匙
油	1大匙

调料

蚝油	3大匙
糖	1小匙
米酒	30毫升
水	80毫升
水淀粉	1小匙
香油	1大匙

做法

1. 杏鲍菇洗净切滚刀块；西芹洗净切小段；牛肉片加入所有腌料（油除外）抓匀，腌制20分钟后，加入1大匙油抓匀，备用。
2. 取锅，加适量油烧热至约160℃，放入腌过的牛肉片快速炒开，至牛肉表面变白即可捞出。
3. 锅底留少许油，以小火爆香姜末、蒜末和红辣椒片。
4. 再加入杏鲍菇块炒香后，放入炒过的牛肉片、西芹段炒匀，再放入蚝油、糖、米酒及水炒匀。
5. 接着全部倒入砂锅中，盖上锅盖，开中火烧煮至汤汁略干后，用水淀粉勾芡，最后淋上香油即可。

土豆烩牛腩

材料

牛腩300克，土豆1个，胡萝卜100克，姜15克，葱10克，月桂叶1片，油1大匙

调料

酱油、奶油各1大匙，鸡精1小匙，水适量

做法

1. 先将牛腩洗净切成厚约3厘米的块状，再放入沸水中汆烫去血水，备用。
2. 土豆和胡萝卜皆去皮后洗净切成滚刀块状；姜洗净切片；葱洗净切成段状，备用。
3. 取一个小汤锅，于锅中先加入1大匙油烧热，再放入牛腩块以中火炒香。
4. 续向锅中加入土豆块、胡萝卜块、姜片、葱段，以中火翻炒均匀，最后加入月桂叶和所有调料，以中小火烩煮至食材入味即可。

酒香牛肉

材料

牛肋条600克，竹笋200克，姜片40克，红辣椒2个，蒜片40克，葱20克

调料

黄酒400毫升，水200毫升，盐1小匙，白糖1大匙

做法

1. 牛肋条洗净切小块；竹笋洗净后切块；红辣椒及葱洗净切长段，备用。
2. 将牛肋条块、竹笋块、红辣椒段、葱段、姜片、蒜片及所有调料放入电锅内锅中，外锅加约2杯水，盖上锅盖，按下开关，蒸至开关跳起即可。

避风塘三文鱼

材料

三文鱼块600克，蒜末、葱花各1大匙，豆酥1/2大匙，油1大匙

调料

盐、白胡椒粉各1/4小匙，米酒1小匙

做法

1. 三文鱼块洗净后，用餐巾纸吸干；再将所有调料调匀后抹在三文鱼块上，备用。
2. 取平底锅，放入抹有调料的三文鱼块，以小火煎至两面呈金黄色至熟后，取出盛盘，备用。
3. 取锅，锅内倒入1大匙油烧热后，放入蒜末和豆酥以小火炒至酥脆，再加入葱花翻炒均匀，最后淋在做好的三文鱼块上即可。

金沙鱼片

材料

鲳鱼片、三文鱼片各150克，咸鸭蛋黄40克，葱段10克，蒜末1/4小匙，面粉2大匙，油适量

腌料

白胡椒粉、盐各1/4小匙，米酒1大匙，鸡蛋1个

做法

1. 鲳鱼片和三文鱼片洗净后，用餐巾纸吸干水，再切成小块状，然后加入所有腌料抓匀，腌制约3分钟后，裹上面粉。咸鸭蛋黄切碎，备用。
2. 取锅，加适量油烧热至约180℃，放入腌好的鲳鱼块和三文鱼块，以小火炸约2分钟至熟，捞出沥油，备用。
3. 另起锅，倒入少许油，放入蒜末爆香后，加入咸鸭蛋黄碎以小火炒香，续加入葱段和炸熟的鲳鱼块以及三文鱼块，以大火翻炒均匀即可。

和风酱鱼丁

材料

鲷鱼片1片，洋葱30克，大蒜2瓣，红辣椒1/3个，西芹100克，油1大匙

调料

和风酱适量，水500毫升

做法

1. 先将鲷鱼片洗净，再切成大块状，备用。
2. 洋葱洗净切丝；大蒜、红辣椒洗净切片；西芹洗净切段，备用。
3. 取炒锅，加入1大匙色拉油烧热后，加入洋葱丝、大蒜片、红辣椒片以中火爆香，再加入所有调料煮至沸腾。
4. 接着加入鲷鱼块和西芹段，共同烧煮入味后，即可熄火，盛入盘中。

番茄酱熘鱼片

材料

鲷鱼肉180克，青豆、胡萝卜丁各20克，洋葱丁25克，油约500毫升

调料

盐、白胡椒粉各1/4小匙，鸡蛋清1大匙，米酒、香油各1小匙，番茄酱3大匙，糖2大匙，白醋、水各2大匙，水淀粉2小匙

做法

1. 鲷鱼肉切成厚片，加入盐、鸡蛋清、白胡椒粉、米酒抓匀，腌制约2分钟；青豆及胡萝卜丁放入沸水中汆烫后，捞起备用。
2. 取锅倒油加热至约180℃，放入腌好的鲷鱼肉片炸约2分钟至金黄，捞起沥油。
3. 另取锅，倒入少许油烧热，放入洋葱丁以大火炒香，再加入青豆、胡萝卜丁、番茄酱、白醋、糖及水煮至沸腾，接着加入水淀粉勾薄芡后，放入炸好的鲷鱼肉片快速翻炒均匀，最后淋入香油即可。

醋熘鱼片

材料

鲷鱼片	600克
小黄瓜片	10克
黄甜椒片	10克
红甜椒片	10克
洋葱片	10克
低筋面粉	1大匙
油	少许

腌料

盐	1/4小匙
白胡椒粉	1/4小匙
鸡蛋	1/2个
米酒	1大匙

调料

番茄酱	1大匙
糖	1大匙
米酒	1大匙
水	200毫升
白醋	1/2大匙

做法

1. 鲷鱼片切小片，加入所有腌料抓匀，腌制约5分钟，备用。
2. 将低筋面粉拌匀后，放入腌好的鲷鱼片裹匀，再放入油温约200℃的油中，以小火炸约1分钟至熟，捞起沥油，备用。
3. 取锅，倒入少许油，放入红甜椒片、黄甜椒片和洋葱片炒香，再加入所有调料（白醋除外）炒匀，接着放入炸熟的鲷鱼片和小黄瓜片，以大火翻炒均匀后淋入白醋即可。

豆酥蒸鳕鱼

材料

鳕鱼	1片
葱	10克
大蒜	2瓣
红辣椒	1/3个
油	1大匙

调料

豆酥酱	适量

做法

1. 先将鳕鱼洗净，再将鳕鱼以餐巾纸吸干水，备用。
2. 葱、大蒜、红辣椒均洗净切成碎状，备用。
3. 取炒锅，加入1大匙油烧热，放入蒜碎、葱碎、红辣椒碎以小火爆香后，加入豆酥酱炒至香味释放出来，即可关火。
4. 把洗净的鳕鱼放入盘中，再将上一步做好的豆酥酱均匀铺在鳕鱼上。
5. 接着用耐热保鲜膜将盘口封起来，再放入电锅内锅中，于外锅加入1杯水，蒸约15分钟至熟即可。

豆酥酱

材料

豆酥100克，油1大匙，葱5克，大蒜3瓣，红辣椒1/2个

调料

香油、米酒各1大匙，盐、白胡椒粉各少许

做法

1. 葱、大蒜、红辣椒均切成碎状。
2. 取炒锅，加入1大匙油烧热后，放入豆酥，以小火爆香。
3. 续放入蒜碎、葱碎、红辣椒碎，接着加入所有调料翻炒均匀，炒至香味释放出来后关火，即为豆酥酱。

桂花蒸鳊鱼

材料

鳊鱼片300克

调料

干燥桂花1小匙，米酒1小匙，盐1/4小匙

做法

1. 先将干燥桂花、米酒以及盐调匀，备用。
2. 将鳊鱼片淋上沸腾的水略微汆烫后沥干，放置蒸盘上，再淋上调匀的调料。
3. 取蒸锅，加水煮至沸腾，再放入淋有调料的鳊鱼片，蒸约3分钟至熟即可。

美味应用

以蒸煮方式烹调鱼片的时候，为了减少鱼片的腥味，可以先利用沸水略微汆烫鱼片，能够去除些许腥味。

味噌烤圆鳕

材料

圆鳕片300克，熟白芝麻1/4小匙

调料

味噌2大匙，米酒2大匙，糖1/4小匙

做法

1. 圆鳕片洗净后，以餐巾纸吸干水。所有调料拌匀成腌酱，备用。
2. 将圆鳕片抹上腌酱，腌制约10分钟，备用。
3. 将烤箱预热至180℃，放入腌好的圆鳕片烤约15分钟，取出撒上熟白芝麻即可。

美味应用

如果时间足够的话，可以将鳕鱼腌制过夜，这样会更加入味。鱼肉腌过再烤，能减少鱼肉的腥味，隔夜加热也很美味。

蒲烧鳗

材料

熟鳗鱼1条，熟白芝麻适量，柠檬汁适量

调料

蒲烧鳗汁适量

做法

1. 将烤箱预热，放入熟鳗鱼烤2分钟。
2. 将烤后的鳗鱼刷上蒲烧鳗汁再烤一下，即可取出。
3. 在烤好的鳗鱼上撒上熟白芝麻，再淋上柠檬汁搭配食用即可。

美味应用

制作蒲烧鳗汁：柴鱼粉1/4小匙，糖1小匙，酱油1.5大匙，水3大匙。将所有材料混合煮匀至浓稠，即为蒲烧鳗汁。

XO酱西芹干贝

材料

干贝10个，西芹100克，大蒜1瓣，水2大匙，油少许

调料

XO酱、香油各1大匙，鸡精1小匙

做法

1. 将干贝泡入沸水中至熟，捞起沥干，备用。
2. 大蒜洗净切碎；西芹剥去粗丝后洗净切段，再放入沸水中汆烫去涩，沥干备用。
3. 热锅，倒入少许油，爆香大蒜碎后，加入XO酱炒香，再加水煮至沸腾。
4. 续加入西芹段与泡熟的干贝翻炒均匀，接着加入鸡精调味。
5. 起锅前加香油炒匀即可。

葱爆虾球

材料

虾仁	120克
红甜椒	60克
姜	5克
葱	30克
油	4大匙

腌料

盐	1/8小匙
鸡蛋清	1小匙
淀粉	1小匙

调料

沙茶酱	1大匙
盐	1/4小匙
糖	1/2小匙
米酒	1大匙
水	1大匙
淀粉	1/2小匙
香油	1小匙

做法

1. 虾仁洗净沥干，用刀将虾背划开至1/3深处，再加入腌料抓匀，腌制约2分钟。
2. 红甜椒及姜洗净切片；葱洗净切段；所有调料（香油除外）调匀成酱汁，备用。
3. 取锅加热，加入4大匙油，放入腌好的虾仁，以大火快炒至其卷缩成球状后，捞起沥油，备用。
4. 锅中留少许油，放入葱段、姜片及红甜椒片，以小火爆香，再加入炒过的虾仁，以大火快炒5秒，边炒边将酱汁淋入炒匀，最后淋入香油即可。

蟹肉炒甜豆

材料

蟹肉	150克
甜豆	150克
黄甜椒	30克
蒜末	10克
油	2大匙

腌料

盐	少许
米酒	1/2大匙
淀粉	少许

调料

盐	1/4小匙
糖	少许
胡椒粉	少许
米酒	1大匙
水	少许

做法

1. 将蟹肉洗净，加入腌料拌匀；甜豆去头尾洗净；黄甜椒洗净、去籽、切条，备用。
2. 热锅，加入2大匙油，放入蒜末爆香，再加入腌好的蟹肉稍翻炒。
3. 续放入甜豆炒至变色，再放入黄甜椒条和所有调料炒至入味即可。

红曲炒鱿鱼

材料

鱿鱼1条，蒜苗60克，姜末10克，油2大匙

调料

红曲酱1大匙，鸡精1/4小匙，糖少许，米酒2大匙

做法

1. 将鱿鱼洗净切片，放入沸水中稍汆烫；蒜苗洗净分切蒜白和蒜绿，再切片，备用。
2. 热锅，加入2大匙油，放入姜末爆香后，放入红曲酱炒香，续放入汆烫后的鱿鱼片和蒜白片稍翻炒。
3. 最后放入蒜绿片和剩余调料炒至入味即可。

美味应用

鱿鱼事先汆烫是为了去除腥味，只要略微汆烫即可，避免汆烫过久后肉质变老。红曲酱事先煸炒一下才能使其香味完全散发，从而为菜肴加分。

酱爆鱿鱼

材料

鱿鱼200克，姜丝、葱段各15克，红辣椒丝10克，油1大匙

调料

酱油、蚝油各适量，糖适量

做法

1. 将鱿鱼洗净，放入热油中炸一下，捞出备用。
2. 热锅，加入1大匙油，放入姜丝、葱段和红辣椒丝爆香。
3. 续放入炸过的鱿鱼炒香，最后加入所有调料炒匀至入味即可。

西芹炒鱿鱼

材料

干鱿鱼1/2条，西芹300克，蒜苗30克，姜、大蒜、红辣椒各10克，油2大匙

调料

盐、鸡精各1/4小匙，糖、白胡椒粉各少许，米酒1大匙

做法

1. 先将干鱿鱼泡水至软，再切条；西芹去根去叶后，洗净切段；姜、大蒜均洗净切末；红辣椒洗净切丝；蒜苗洗净切段，备用。
2. 热锅，加入2大匙油，放入姜末、蒜末、红辣椒丝、蒜苗爆香，再放入鱿鱼条翻炒均匀。
3. 续加入西芹段略炒，接着加入所有调料炒至入味即可。

椒盐鲜鱿

材料

鲜鱿鱼180克，葱、大蒜各20克，红辣椒1个，玉米粉、吉士粉各1/2杯

调料

盐、糖、胡椒盐各1/4小匙，蛋黄20克

做法

1. 鲜鱿鱼洗净剪开后，去除表面皮膜，在内面以刀交叉斜切出花刀状，再以厨房纸巾擦干后切成小片，放入大碗中，加入所有调料（胡椒盐除外）拌匀，备用。
2. 葱、大蒜及红辣椒去籽、洗净、切碎，备用。
3. 将玉米粉、吉士粉放入碗中，混合拌匀成炸粉，再将拌有调料的鱿鱼片均匀沾上炸粉，放入160℃的油中以大火炸约1分钟至表皮金黄酥脆，捞出沥油，备用。
4. 锅中留少许油烧热，放入葱碎、大蒜碎、红辣椒碎，以小火爆香，再加入炸好的鱿鱼片和胡椒盐，转大火快速炒匀。

炒三鲜

材料

猪肉片、笋片各40克，鱿鱼肉、虾仁各50克，胡萝卜片、葱段各30克，姜末5克，油2大匙

调料

水、香油各1小匙，淀粉1小匙，盐1/4小匙，鸡蛋清1大匙，甜辣酱3大匙，米酒20毫升，水淀粉1小匙

做法

1. 鱿鱼肉洗净先切花刀，再分切成小片状；虾仁洗净后划开虾背，加入水、淀粉、盐、米酒5毫升、鸡蛋清抓匀，备用。
2. 将猪肉片、虾仁、鱿鱼片及笋片、胡萝卜片放入沸水中汆烫10秒，取出冲冷水。
3. 热锅，加入2大匙油，放入姜末和葱段以小火爆香，再放入汆烫好的所有食材以大火快炒10秒，接着加入甜辣酱及15毫升米酒稍翻炒后，以水淀粉勾芡，最后淋入香油。

蜜汁鱿鱼

材料

鱿鱼350克，蒜末1小匙，红辣椒1/2个，香菜30克，面粉1大匙，油适量

调料

糖2大匙，盐1/4小匙，米酒2小匙，水60毫升

做法

1. 鱿鱼洗净去内脏后，切成片状；红辣椒洗净切斜片，备用。
2. 将鱿鱼片切成花刀状，再均匀沾裹上面粉，备用。
3. 热锅，倒入适量的油，待油温烧热至170℃时，放入鱿鱼片炸至卷曲且金黄，捞出。
4. 锅中留少许油，放入蒜末及红辣椒片爆香，再加入所有调料煮至沸腾。
5. 接着加入炸好的鱿鱼片翻炒均匀，再加入香菜做装饰。

橙汁双味

材料

虾仁	150克
鱿鱼肉	150克
菠萝	100克
柠檬	20克
油	适量

腌料

盐	1/6小匙
鸡蛋清	1大匙
淀粉	1大匙

调料

沙拉酱	2大匙
糖	1大匙
淀粉	适量

做法

1. 虾仁洗净沥干，用刀从虾背划开（深约至1/3处）；鱿鱼肉洗净切小块，和虾仁一起用腌料抓匀，腌制约2分钟；柠檬榨汁，与沙拉酱、糖调匀成酱汁；菠萝去皮洗净切片，备用。
2. 热锅，加适量油烧热至约180℃，将腌好的虾仁及鱿鱼肉裹上调料中的淀粉，然后放入油中炸约2分钟至表面酥脆后，捞起沥油。
3. 另热锅，倒入炸好的虾仁、鱿鱼肉及菠萝片，再淋上酱汁炒匀，即可装盘。

宫保鱿鱼

材料

干鱿鱼尾400克，干红辣椒10克，姜5克，葱20克，油2大匙

调料

白醋、米酒、香油各1小匙，糖1小匙，酱油、水各1大匙，淀粉1/2小匙

做法

1. 将干鱿鱼尾洗净切粗条，汆烫约10秒后沥干；姜洗净切丝；葱洗净切段，备用。
2. 将所有调料（香油除外）调匀成兑汁，备用。
3. 热锅，倒入约2大匙油，以小火爆香葱段、姜丝及干红辣椒后，加入汆烫后的鱿鱼条，以大火快炒约5秒后，边炒边将兑汁淋入炒匀，最后洒上香油即可。

三杯鱿鱼

材料

鱿鱼300克，大蒜6瓣，姜2片，红辣椒4片，罗勒叶10片，黑芝麻油1大匙

调料

米酒1大匙，糖1/2大匙，酱油1/2大匙

做法

1. 鱿鱼洗净沥干，切成小圈状，备用。
2. 取锅，加入黑芝麻油烧热后，加入大蒜、姜片和红辣椒片炒香。
3. 再放入所有调料和鱿鱼圈，以小火煮约5分钟至汤汁浓稠后，加入罗勒叶炒匀即可。

干煸四季豆

材料

四季豆200克，猪肉馅30克，大蒜10克，油适量

调料

辣椒酱1大匙，酱油1大匙，糖1/2小匙，水2大匙

做法

1. 四季豆洗净去粗丝；大蒜洗净切末，备用。
2. 热锅，倒入油烧热至约180℃后，将四季豆下锅炸约1分钟至微金黄，捞起沥油。
3. 另热锅，倒入适量油，以小火爆香蒜末后，加入猪肉馅炒至散开，再放入辣椒酱、酱油、糖和水炒匀，最后加入炸过的四季豆，炒至汤汁收干即可。

美味应用

当季的四季豆既便宜又美味，若想省钱，可以在四季豆盛产季节选购，但若非盛产期，建议改用豇豆，口感并不比四季豆差，价格却便宜许多。

鱼香茄子

材料

茄子250克，猪肉末30克，葱20克，大蒜、姜各10克，油515毫升

调料

辣豆瓣酱2大匙，白醋2小匙，糖1大匙，水3大匙，水淀粉、香油各1小匙

做法

1. 茄子洗净后切滚刀块状；葱洗净切葱花；大蒜、姜均洗净切末，备用。
2. 热锅，加入500毫升的油，烧热至约180℃后，将茄子块下锅炸约1分钟，捞起沥油。
3. 另热锅，倒入5毫升油，以小火爆香葱花、蒜末及姜末。
4. 再加入猪肉末，炒至肉末散开后，加入辣豆瓣酱炒香，接着加入水、白醋、糖煮开，再加入炸好的茄子块，炒至汤汁略干后，加入水淀粉勾芡，最后洒上香油即可。

牛蒡丝炒猪肉

材料

牛蒡200克，猪肉丝60克，姜末10克，
胡萝卜丝、熟白芝麻各20克，油2大匙

腌料

盐、淀粉各少许，米酒1大匙

调料

盐1/4小匙，糖1/2小匙，陈醋1小匙

做法

1. 将牛蒡洗净，去皮切丝。
2. 将猪肉丝加入所有腌料拌匀。
3. 热锅，加入2大匙油，放入姜末和腌好的猪肉丝，炒至肉色变白后取出。
4. 续向锅中放入牛蒡丝和胡萝卜丝，炒至食材微软后，再放入炒过的猪肉丝和所有调料炒至入味，起锅前加入熟白芝麻炒匀，即可盛盘。

毛豆炒雪菜

材料

毛豆100克，雪菜200克，
姜末、红辣椒末各10克，油2大匙

调料

盐适量，酱油、米酒各少许

做法

1. 将毛豆洗净；雪菜洗净，切细末。
2. 将毛豆放入盐水中煮约5分钟，捞出沥干，备用。
3. 热锅，倒入2大匙油，加入姜末、红辣椒末以小火爆香，续放入雪菜末和煮熟的毛豆炒1分钟，最后加入调料炒至入味即可。

美味应用

毛豆事先稍汆烫，会比较容易熟，和雪菜一起翻炒的时候，就不需要炒太久，可避免整道菜的颜色不够翠绿。

豆酱炒桂竹笋

材料

桂竹笋300克，猪肉丝100克，
蒜末、红辣椒末各10克，油2大匙

调料

豆酱3大匙，糖1/2小匙，鸡精少许，米酒1大匙

做法

1. 桂竹笋洗净，撕小条后切段，备用。
2. 热锅，倒入2大匙油，放入蒜末和红辣椒末爆香后，放入猪肉丝翻炒至肉色变白。
3. 再放入豆酱炒香，最后放入桂竹笋段和其余调料翻炒入味即可。

美味应用

桂竹笋呈细长形的竹筒状，其实它并不是笋而是幼竹，烹调前要先剥开才容易入味。如果根部纤维较粗，可以切去，避免影响口感。

味噌白萝卜

材料

白萝卜600克，姜片、葱末各10克，油2大匙

调料

味噌80克，糖1/2大匙，米酒、味啉各1大匙，
水500毫升

做法

1. 将味噌加适量的水调匀，备用。
2. 白萝卜洗净、去皮、切块，汆烫10分钟后，捞出沥干，备用。
3. 热锅，倒入2大匙油，加入姜片爆香后，加水煮沸，再加入调匀的味噌、汆烫后的白萝卜块以及白糖、米酒、味啉煮沸，然后盖上锅盖，以小火卤约25分钟至食材软烂，再焖5分钟，起锅前放入葱末即可。

姜焖南瓜

材料

南瓜400克，姜丝20克，葱段10克，油2大匙

调料

盐1/2小匙，鸡精1/4小匙，胡椒粉少许，水300毫升

做法

1. 将南瓜洗净、切块，备用。
2. 热锅，倒入2大匙油，加入姜丝爆香，再加入南瓜块翻炒均匀。
3. 接着向锅中加水煮沸，盖上锅盖，以小火炖煮20分钟至食材软烂后，再加入剩余调料及葱段拌匀，继续焖煮20分钟即可。

培根蔬菜卷

材料

培根10片，芦笋、山药各100克，鲜香菇80克，红甜椒1个

调料

胡椒盐少许

做法

1. 芦笋洗净切段；山药去皮洗净切条；鲜香菇洗净切条；红甜椒洗净、去籽、切长条，备用。
2. 在培根上排入芦笋段、山药条、鲜香菇条、红甜椒条，再撒上胡椒盐，然后将培根卷成一束，用牙签固定。
3. 将固定好的培根卷置于烤架上，再将烤架放入已预热的烤箱中，以180℃烤约15分钟即可。

什锦炖蔬菜

材料

圆白菜	100克
胡萝卜	330克
西芹	250克
洋葱	500克
干香菇	50克
西红柿	200克
水	5000毫升
红甜椒	50克
黄甜椒	50克
茄子	50克
土豆	500克
小黄瓜	50克
罗勒	10克
大蒜	3瓣
橄榄油	2大匙

调料

胡椒粒	1小匙
月桂叶	2片
迷迭香	1/2小匙
去皮西红柿	300克
番茄糊	100克
蔬菜高汤（取做法中的）	3000毫升

做法

1. 将圆白菜、200克西芹及100克西红柿洗净、切块；胡萝卜及洋葱洗净、去皮、切块；干香菇洗净、泡软，备用。
2. 将上一步准备好的所有材料及5000毫升水放入锅中煮沸，转小火继续熬煮至汤汁剩约3000毫升后，滤出蔬菜高汤，备用。
3. 将罗勒洗净、切丝；大蒜去皮、切片；材料中其余蔬菜均洗净、切块，备用。
4. 热锅，倒入橄榄油，加入大蒜片及剩余的西红柿块、西芹块炒香，再加入其他蔬菜块以中火翻炒均匀，接着加入胡椒粒、月桂叶和迷迭香炒香。
5. 续加入去皮西红柿、番茄糊和3000毫升蔬菜高汤，以中火煮沸后，转小火炖至土豆软烂即可。

白菜煮鲜菇

材料

大白菜500克，鲜香菇4朵，鲳鱼片10克，虾米5克，葱段2克，油少许，水少量

调料

盐1/4小匙

做法

1. 大白菜剥开叶片后洗净，切成大片；鲜香菇洗净，去蒂后切片；备用。
2. 鲳鱼片、虾米洗净后，稍微泡水至软，捞起沥干，备用。
3. 热锅，倒入少许油，放入泡软后的鲳鱼片和虾米，以小火炒出香味后，再加入大白菜片、鲜香菇片和葱段炒匀，接着加入少量水以大火煮开，然后转小火焖煮约10分钟，最后加入盐调味即可。

茭白夹肉

材料

猪肉馅150克，茭白400克，枸杞子1大匙，葱末、姜末各1/2大匙，酱油1/2大匙，盐1/2小匙，热开水1/2杯，豌豆苗适量

调料

蚝油、水淀粉各1小匙，香油1/2小匙，高汤1大匙

做法

1. 茭白洗净，斜切成厚片，再在每一厚片中间横切一刀但不切断；将所有调料搅拌均匀成酱汁，备用。
2. 猪肉馅与酱油、盐混匀，用力摔打至出筋后，与葱末、姜末及枸杞子搅拌均匀，再塞入茭白片中间的缝隙中，然后将茭白片放在铺有豌豆苗的盘子上，备用。
3. 电锅外锅加1/2杯热开水，按下开关，蒸至蒸气冒出后，放入盘子，盖上锅盖蒸约7分钟后淋上酱汁，续焖约1分钟即可。

枸杞子蟹味菇

材料

蟹味菇1盒，胡萝卜50克，大蒜2瓣，葱10克，枸杞子1大匙，油1大匙

调料

盐、白胡椒粉各少许，香油1小匙，糖1小匙

做法

1. 蟹味菇去蒂后洗净；胡萝卜削去外皮后洗净切片；大蒜洗净切片；葱洗净切小段，备用。
2. 取炒锅，加入1大匙油烧热，放入蒜片、胡萝卜片，以中火爆香，接着加入蟹味菇翻炒均匀。
3. 然后加入枸杞子和所有调料（香油除外）翻炒入味，最后放入葱段、洒上香油即可。

彩椒杏鲍菇

材料

杏鲍菇50克，姜丝5克，油少量，红甜椒、黄甜椒、青甜椒各10克

调料

盐1小匙，糖、鸡精各1/2小匙

做法

1. 将杏鲍菇、红甜椒、黄甜椒、青甜椒均洗净切成条状，备用。
2. 热锅，倒入少量的油，放入姜丝爆香。
3. 再加入剩余材料炒匀，最后加入所有调料炒熟即可。

美味应用

因为杏鲍菇容易吸收油脂，因此千万不要加太多油去翻炒，否则杏鲍菇吃起来会油腻腻的。

红烧冬瓜

材料

冬瓜500克，三角油豆腐5块，姜片3片，水350毫升，油适量

调料

酱油40毫升，糖15克，蚝油10毫升，五香粉少许

做法

1. 冬瓜去皮、去籽后洗净切小块状，放入沸水中略汆烫后捞起；三角油豆腐放入沸水中略汆烫去油后捞起，备用。
2. 热锅，加入适量油，放入姜片爆香，续放入汆烫后的冬瓜块和三角油豆腐翻炒，再加入水，煮至水量剩一半、冬瓜呈透明状。
3. 接着加入酱油、糖、蚝油煮至入味，起锅前撒入少许五香粉炒匀即可。

美味应用

三角油豆腐经过油炸处理，所以难免会有一股油味，为了不破坏整道菜的味道，可以事先以沸水汆烫，以去除多余的油，既好吃又健康。

咸鸭蛋炒苦瓜

材料

苦瓜350克，咸鸭蛋2个，油2大匙，蒜末、红辣椒末、葱末各10克

调料

盐少许，糖、鸡精各1/4小匙，米酒1/2大匙

做法

1. 苦瓜洗净去头尾，剖开去籽后切片，再放入沸水中略汆烫后捞出，然后浸泡冷开水变凉后捞出沥干；咸鸭蛋去壳切小片。
2. 取锅烧热，倒入2大匙油，放入咸鸭蛋片爆香，加入蒜末、葱末炒香，再放入红辣椒末与汆烫过的苦瓜片翻炒，最后加入所有调料炒至入味即可。

美味应用

仔细去除苦瓜内的白膜后，再下锅汆烫，可以有效去除苦涩味。苦瓜汆烫后浸泡冷开水，可以保持清脆的口感。

咖喱菜花

材料

咖喱粉2大匙，胡萝卜120克，葱10克，大蒜3瓣，菜花150克，油1大匙

调料

白糖、鸡精各1小匙，酱油1小匙，八角2粒，奶油1大匙，水800毫升，月桂叶2片

做法

1. 葱洗净切段；大蒜洗净切片；50克胡萝卜洗净切条，备用。
2. 锅中加入咖喱粉，以小火炒香后，加入1大匙油，再加入葱段、大蒜片、胡萝卜条，以中火爆炒均匀，最后加入所有调料煮沸，即成卤汁，备用。
3. 将菜花修剪成小朵状，再泡冷水；70克胡萝卜去皮、切块，备用。
4. 取锅，加入菜花、胡萝卜块及卤汁，盖上锅盖，以中小火卤约15分钟即可。

西红柿炒豆腐蛋

材料

老豆腐1块，西红柿100克，葱花1大匙，油适量，鸡蛋3个，水淀粉2小匙，高汤100毫升

调料

番茄酱1大匙，盐1/2小匙，糖1.5大匙

做法

1. 老豆腐洗净切丁，稍泡热盐水后捞出沥干；西红柿洗净切滚刀块；鸡蛋搅打均匀，备用。
2. 热锅，倒入适量油，将鸡蛋液入锅炒至略凝固，盛出。
3. 原锅中加入高汤、番茄酱、老豆腐丁、西红柿块及糖、盐煮沸，再加入水淀粉勾芡。
4. 最后放入略凝固的蛋液轻轻炒匀后，撒入葱花即可。

美味应用

西红柿跟蛋要分开炒，如此一来，西红柿的茄红素就不会被鸡蛋液包裹，成品也比较好看。

芋香蒸鸡腿

材料

芋头	200克
鸡腿	250
玉米笋	50克
西蓝花	100克
大蒜	3瓣

调料

鸡精	1小匙
酱油	1小匙
米酒	1大匙
盐	少许
白胡椒粉	少许

做法

1. 芋头削皮后洗净，切成小块状，再放入200℃的油中炸成金黄色，备用。
2. 鸡腿洗净切成大块状，放入沸水中汆烫过水，捞起备用。
3. 玉米笋洗净切成小段状；西蓝花洗净修成小朵状，洗净备用。
4. 取一盘，将炸后的芋头块、汆烫过的鸡腿块、玉米笋段、大蒜与所有调料一起放入，再用耐热保鲜膜将盘口封起来，接着放入电锅内锅中，于外锅加入1.5杯水，盖上锅盖，按下开关蒸15分钟后，再把西蓝花放入，续蒸5分钟即可。

梅子蒸肉片

材料

猪后腿肉　300克
竹笋　200克
红甜椒　1/2个
大蒜　2瓣
紫苏梅　10颗

调料

盐　少许
白胡椒粉　少许
水　适量
香油　少许

腌料

盐　少许
白胡椒粉　少许
香油　1小匙
酱油　1小匙
糖　1小匙
淀粉　1小匙
紫苏梅汤　30毫升

做法

1. 将猪后腿肉切片，放入腌料腌制约10分钟，备用。
2. 竹笋去壳、切片、过水；大蒜、红甜椒均洗净切片，备用。
3. 取电锅内锅，放入腌过的猪后腿肉片、竹笋片、大蒜片、红甜椒片搅拌均匀，再加入紫苏梅与所有调料拌匀。
4. 将内锅放入电锅中，外锅加1杯水，盖上锅盖，按下开关，蒸约15分钟即可。

南瓜蒸肉片

材料

南瓜250克，猪后腿肉300克，洋葱30克，胡萝卜50克，大蒜3瓣，红辣椒1/2个

腌料

香油1小匙，鸡蛋清35克，蒸肉粉100克

调料

香油1小匙，米酒1大匙，盐、白胡椒粉各少许

做法

1. 先将南瓜去皮洗净，再切成大块状；洋葱、胡萝卜均洗净切成片状；大蒜、红辣椒均洗净切碎，备用。
2. 猪后腿肉切片，放入腌料腌15分钟。
3. 将南瓜块、洋葱片、胡萝卜片、大蒜碎、红辣椒碎置于深盘中，再将腌好的猪后腿肉片放入，接着放入所有调料。
4. 将盘放入电锅内锅中，外锅加1杯水，盖上锅盖，按下开关，蒸约15分钟至开关跳起即可。

西红柿豆腐肉片

材料

老豆腐200克，猪肉片60克，西红柿100克，葱段适量

调料

番茄酱1大匙，盐1/4小匙，糖1/2小匙

做法

1. 老豆腐切丁，汆烫约10秒后沥干，装盘备用。
2. 西红柿洗净切片，与猪肉片及所有调料拌匀后淋至老豆腐丁上。
3. 电锅外锅倒入1/2杯水，内锅放入盘子，盖上锅盖，按下开关，蒸至开关跳起后，撒上葱段即可。

咸冬瓜蒸肉饼

材料

咸冬瓜50克，猪肉馅300克，大蒜3瓣，红辣椒1个，西芹100克，香菜适量，竹笋50克，油少许

调料

糖、鸡精各1小匙，香油1小匙，鸡蛋清35克，酱油1大匙，白胡椒粉少许

做法

1. 将咸冬瓜去掉咸水，再剁成碎状；大蒜、红辣椒、西芹、香菜、竹笋均洗净切成碎状。
2. 取一个容器，加入咸冬瓜碎、猪肉馅、大蒜碎、红辣椒碎、西芹碎、香菜碎、竹笋碎与所有调料，搅拌均匀后将肉甩出筋，再做成肉饼，备用。
3. 取一个圆盘，抹上少许油，再放入肉饼，接着放入电锅内锅中，外锅加1杯水，盖上锅盖，按下开关，蒸约15分钟即可。

土豆蒸肉丸子

材料

猪肉馅15克，土豆2个，洋葱30克，玉米粒50克

调料

盐、黑胡椒各少许，面粉2大匙，番茄酱1大匙

做法

1. 先将土豆去皮洗净，放入蒸锅内蒸熟后滤水；洋葱切碎，备用。
2. 将滤干的土豆加入洋葱碎、玉米粒、猪肉馅以及所有调料（番茄酱除外）一起搅拌均匀，做成一个个适当大小的肉丸，直至材料用尽。
3. 取一圆盘，放入肉丸，再将圆盘放入电锅内锅中，外锅加1杯水，盖上锅盖，按下开关，蒸约15分钟取出。
4. 最后将番茄酱当作蘸酱食用即可。

注：图中西蓝花、红辣椒为装饰用。

酸奶炖肉

材料

猪后腿肉	350克
洋葱	50克
土豆	1个
胡萝卜	100克
大蒜	2瓣
姜	20克

腌料

淀粉	1大匙
香油	1小匙
酱油	1小匙

调料

奶油	1大匙
米酒	1大匙
原味酸奶	1/3瓶
盐	少许
黑胡椒	少许
水	500毫升
欧芹碎	1小匙

做法

1. 先将猪后腿肉切成小块状，再放入腌料腌制约10分钟，备用。
2. 土豆与胡萝卜去皮洗净，切滚刀块状；洋葱洗净切小块；大蒜洗净拍扁；姜洗净切小片，备用。
3. 取电锅内锅，加入腌过的猪后腿肉块、土豆块、胡萝卜块、洋葱块、大蒜、姜片与所有调料（原味酸奶、欧芹碎除外），外锅加2杯水，盖上锅盖，按下开关，炖煮约30分钟。
4. 开盖盛盘，再淋上原味酸奶拌匀，最后撒上欧芹碎装饰即可。

蒸小排骨

材料

小排骨	350克
茭白	100克
胡萝卜	30克
大蒜	3瓣
红辣椒	1个
西蓝花	少许

腌料

香油	1小匙
米酒	1大匙
盐	少许
白胡椒	少许
酱油	1小匙
鸡精	1小匙

调料

水	400毫升
盐	少许
白胡椒	少许
酱油	1小匙
水淀粉	少许

做法

1. 将小排骨洗净，放入腌料中抓匀后腌约10分钟，再放入180℃油中炸成金黄色，备用。
2. 将茭白去壳洗净后切小片；胡萝卜、大蒜与红辣椒均洗净切片，备用。
3. 将西蓝花洗净修成小朵，再放入沸水中汆烫过水，备用。
4. 将炸后的小排骨、茭白片、胡萝卜片、大蒜片、红辣椒片与所有调料一起摆入圆盘中，再放进电锅内锅，外锅加2杯水，盖上锅盖，按下开关，蒸约30分钟即可。
5. 开盖盛盘后，加入汆烫好的西蓝花装饰即可。

菠萝蒸仔排

材料

仔排200克，菠萝罐头230克，玉米笋150克，鲜香菇2朵，大蒜2瓣，香菜末少许

调料

黄豆酱适量

做法

1. 将仔排切成小块状，再放入沸水中汆烫去除血水后捞起，备用。
2. 玉米笋洗净切段；鲜香菇洗净切成4瓣；大蒜洗净切片；菠萝滤汁后留果肉，备用。
3. 取一盘，加入仔排块、玉米笋段、香菇瓣、大蒜片、菠萝果肉，再放入黄豆酱。
4. 用耐热保鲜膜将盘口封起来，再放入电锅内锅中，外锅加入约1.5杯水，盖上锅盖，按下开关，蒸约20分钟至熟后，盛盘以香菜末装饰即可。

日式角煮

材料

猪五花肉350克，三角豆腐100克，姜25克，胡萝卜、洋葱各50克，葱20克，油1大匙

调料

酱油120克，冰糖1大匙，水600毫升，味啉80毫升，米酒3大匙

做法

1. 先将猪五花肉洗净切成小块状；胡萝卜洗净去皮后切成小块状；姜洗净拍扁；洋葱、葱均洗净切片，备用。
2. 取电锅内锅，加入1大匙油烧热后，加入猪五花肉块与姜煸香。
3. 再放入胡萝卜块、洋葱片、葱片、三角豆腐和所有调料，盖上锅盖，外锅加2杯水，按下开关，蒸约30分钟至汤汁略收即可（可另加罗勒做装饰）。

酒香牛肉

材料

牛肋条600克，竹笋200克，姜片40克，红辣椒2个，大蒜40克，葱20克

调料

黄酒400毫升，水200毫升，盐1小匙，糖1大匙

做法

1. 牛肋条洗净切小块；竹笋洗净后切块；红辣椒及葱洗净切长段；大蒜洗净切片，备用。
2. 将牛肋条块、竹笋块、红辣椒段、葱段、姜片、大蒜片及所有调料放入电锅内锅中，外锅加约2杯水，盖上锅盖，按下开关，蒸至开关跳起即可。

陈皮牛肉丸

材料

牛肉馅150克，猪肥肉30克，葱末20克，姜末、陈皮末各10克，荸荠末45克，胡萝卜片、葱花各适量

腌料

米酒、香油各1小匙，盐、糖各1小匙，酱油1大匙，淀粉1大匙

做法

1. 将牛肉馅及猪肥肉洗净剁成泥状，加入其余材料（胡萝卜片、葱花除外）及所有腌料拌匀，备用。
2. 将拌匀后的牛肉馅捏成适当大小圆球状直至材料用尽，再放入电锅内锅中，外锅加1/2杯水，盖上锅盖，按下开关，蒸约12分钟后取出盛盘，再以胡萝卜片及葱花装饰。

牛肉蔬菜卷

材料

牛肉片	120克
豆芽	40克
红甜椒	20克
黄甜椒	20克
胡萝卜	20克
姜	10克
香芹	少许

调料

盐	1小匙
黑胡椒粉	1/2小匙
香油	1大匙
米酒	1小匙

做法

1. 将红甜椒、黄甜椒、胡萝卜、姜洗净切丝，备用。
2. 将豆芽、红甜椒丝、黄甜椒丝、胡萝卜丝、姜丝一同入沸水汆烫，备用。
3. 用牛肉片包入汆烫后的豆芽菜、红甜椒丝、黄甜椒丝、胡萝卜丝及姜丝，再卷成圆筒状，即成牛肉卷。
4. 在牛肉卷上撒上盐、黑胡椒粉、香油及米酒。
5. 取一蒸盘，放上牛肉卷，再将蒸盘放进电锅内锅中，外锅加1/2杯水，盖上锅盖，按下开关，蒸约8分钟后，取出盛盘，以香芹装饰即可。

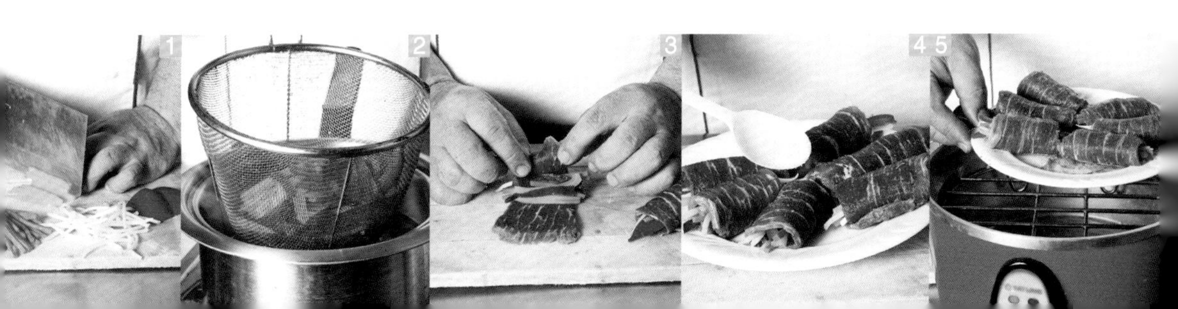

橄榄蒸鱼片

材料

鳕鱼 300克
西蓝花 300克
大蒜 2瓣
红辣椒 1/2个
黑橄榄 30克

调料

香油 1小匙
糖 1小匙
小鳀鱼末 1小匙
盐 少许
黑胡椒 少许
橄榄油 1大匙

做法

1. 将鳕鱼洗净，西蓝花洗净修成小朵，分别放入沸水中汆烫过水，备用。
2. 大蒜、红辣椒、黑橄榄都洗净切成碎状，再加入所有调料搅拌均匀，即成黑橄榄酱，备用。
3. 将汆烫过的鳕鱼平铺在圆盘上，再抹上调制好的黑橄榄酱，接着将圆盘放入电锅内锅中，外锅加1杯水，按下开关，盖上锅盖，蒸约10分钟。
4. 取出盛盘后，用汆烫好的西蓝花围盘装饰即可。

剁椒蒸鱼

材料

鱼	1条
蒜末	20克
葱花	20克
剁椒酱	3大匙

调料

糖	1/4小匙
米酒	1小匙

做法

1. 鱼洗净后切块，放入盘中，将剁椒酱、蒜末、糖及米酒拌匀，淋至鱼上。
2. 将盘放入电锅内锅中，外锅加约1杯水，盖上锅盖，按下开关，蒸至开关跳起后取出，撒上葱花即可。

清蒸鱼

材料

鲜鱼1条，葱20克，姜15克，红辣椒1个

调料

酱油1大匙，糖1/2小匙，水2大匙，
米酒、香油各1小匙，淀粉1/6小匙

做法

1. 鲜鱼洗净后在鱼身两侧各划2刀，深至骨头处但不切断，置于盘上，备用。
2. 将葱洗净切小段、红辣椒洗净切条、姜洗净切丝，全部铺至鲜鱼上，再将调匀后的调料淋入。
3. 将盘放入电锅内锅，外锅加入1杯水，盖上锅盖，按下开关，蒸至开关跳起后取出即可。

泰式柠檬鱼

材料

新鲜鲈鱼1条，柠檬1个，红辣椒1个，大蒜3瓣，香菜适量，香茅1根

调料

柠檬汁、米酒各1大匙，盐、黑胡椒各少许，
香油、鱼露、酱油各1小匙，糖1小匙，水2大匙

做法

1. 先将鲈鱼洗净切开；柠檬切片；红辣椒、大蒜、香菜、香茅都洗净切成碎状，备用。
2. 取一个容器，加入所有调料（柠檬汁除外）及红辣椒碎、大蒜碎、香菜碎、香茅碎，用汤匙搅拌均匀成酱汁，备用。
3. 取一个圆盘，将鲈鱼放入铺平，再将酱汁淋在鲈鱼上，接着放入电锅内锅，外锅加入1杯水，盖上锅盖，按下开关蒸约15分钟。
4. 取出盛盘后，倒入柠檬汁，再将柠檬片置于蒸好的鲈鱼上做装饰即可。

酸菜蒸鲜鱼

材料

鲷鱼	200克
酸菜	150克
葱	20克
胡萝卜	30克
鲜香菇	3朵
姜	15克
大蒜	3瓣
香芹	少许
油	1大匙

腌料

米酒	1大匙
香油	1小匙
淀粉	1大匙
盐	少许
白胡椒	少许

调料

鸡高汤	600毫升
盐	少许
白胡椒	少许
香油	1小匙
米酒	1大匙
酱油	1大匙
糖	1大匙
辣豆瓣酱	1小匙

做法

1. 先将鲷鱼洗净，再放入腌料中腌制约10分钟，备用。
2. 将酸菜切小片，放入沸水中汆烫去咸味后取出泡水；葱洗净切丝；胡萝卜、鲜香菇、姜、大蒜均洗净切成丁状，备用。
3. 取炒锅，加入1大匙油烧热后，加入酸菜片煸炒，再加入葱丝、胡萝卜丁、鲜香菇丁、姜丁、大蒜丁翻炒均匀。
4. 取蒸盘，放入腌好的鲷鱼与所有调料，再放入上一步炒好的材料，接着将蒸盘放入电锅内锅中，外锅加入1/2杯水，盖上锅盖，按下开关，蒸约8分钟。
5. 取出盛盘，放入香芹装饰即可。

百花鱼卷

材料

鲷鱼200克，香菜15克，姜丝20克，葱段、黄甜椒、红甜椒各30克，红辣椒丝、西蓝花各少许

调料

盐1小匙，胡椒粉1/2小匙，米酒、油各1大匙

做法

1. 鲷鱼洗净切成薄片状；黄甜椒、红甜椒均洗净切条；西蓝花洗净汆烫至熟，备用。
2. 用鲷鱼片包入香菜、葱段、黄甜椒条、红甜椒条及姜丝，卷成圆筒状，即成鲷鱼卷，再均匀洒上调匀后的调料。
3. 接着放入电饭内锅中，外锅加约1/4杯水，盖上锅盖，按下开关，蒸约3分钟，取出盛盘后以红辣椒丝及烫熟的西蓝花装饰。

豉汁蒸牡蛎

材料

牡蛎250克，大蒜2瓣，红辣椒1个，蒜苗10克，豆豉1大匙，淀粉2大匙，葱碎少许

调料

水淀粉适量，香油、酱油各1小匙，糖1小匙，盐、白胡椒各少许，水适量

做法

1. 将牡蛎洗净、沥干，再裹上淀粉，然后放入热水中泡约30秒，捞起沥干，备用。
2. 将大蒜、红辣椒、蒜苗均洗净切成碎状，备用。
3. 取一个圆盘，放入牡蛎、大蒜碎、红辣椒碎、蒜苗碎、豆豉与所有调料，接着放入电锅内锅中，外锅加入1杯水，盖上锅盖，按下开关，蒸约10分钟。
4. 取出盛盘，加入葱碎装饰即可。

姜丝蒸鱿鱼

材料

鱿鱼300克，姜25克，葱10克，大蒜2瓣，红辣椒1个

调料

黄豆酱1大匙，糖1小匙，香油1小匙，盐、白胡椒各少许

做法

1. 将鱿鱼背部轻划一刀后洗净；姜、葱、大蒜、红辣椒均洗净切丝，备用。
2. 将所有调料搅拌均匀成酱汁，备用。
3. 将洗净的鱿鱼放入圆盘中，放入姜丝、葱丝、大蒜丝、红辣椒丝，淋上调好的酱汁，再放入电锅内锅中，外锅加入1杯水，盖上锅盖，按下开关，蒸约12分钟即可。

五味鲜鱿鱼

材料

鱿鱼300克，姜8克，大蒜10克，红辣椒1个，葱段30克，姜片20克，香菜少许

调料

番茄酱2大匙，陈醋、米酒各1大匙，酱油、香油各1小匙，糖1小匙

做法

1. 鱿鱼去除内脏后洗净，放入盘中，铺上葱段及姜片，洒上米酒，再放入电锅内锅中，外锅倒入1/4杯水，盖上锅盖，按下开关，蒸至开关跳起后，取出鱿鱼，切段盛盘。
2. 将姜、红辣椒及大蒜洗净切末，与所有调料拌匀（或以果汁机打匀），即成五味酱，淋至做好的鱿鱼上，再以香菜装饰即可。

葱油蒸虾

材料

虾仁120克，葱丝30克，油2大匙，
姜丝、红辣椒丝各15克

调料

蚝油、酱油、米酒各1小匙，糖1小匙，水2大匙

做法

1. 虾仁洗净后，排入盘中，备用。
2. 将油、葱丝、姜丝及红辣椒丝洗净拌匀，再加入所有调料拌匀后，淋至虾仁上。
3. 电锅外锅加入1/2杯水，内锅放入蒸架，将盘放置蒸架上，盖上锅盖，按下开关，蒸至开关跳起即可。

大蒜奶油蒸虾

材料

草虾12只，大蒜奶油酱适量，香芹少许

做法

1. 草虾洗净，剪去须脚、去除肠泥，背部剖开成蝴蝶状；香芹洗净切碎，备用。
2. 将大蒜奶油酱均匀涂在虾肉上，再将虾肉排列在蒸盘中。
3. 将蒸盘放入电锅内锅，外锅放1/2杯水，盖上锅盖，按下开关。
4. 蒸至开关跳起后，撒上少许香芹碎即可。

美味应用

大蒜奶油酱不仅能抹在面包上食用，抹在虾肉上，再放入电锅蒸熟，颇有西餐焗烤虾的美味。

鲜虾香菇盒

材料

干香菇	10朵
淀粉	少许
虾仁	150克
葱末	5克
姜末	5克
白果	10个
枸杞子	5克
上海青	适量

腌料

盐	1/2小匙
胡椒粉	1/4小匙
香油	1小匙
淀粉	1小匙

调料

盐	1小匙
糖	1/2小匙
水	30毫升
水淀粉	1大匙
香油	1小匙

做法

1. 干香菇用水泡软后，洗净去除蒂头、抹上淀粉，备用。
2. 虾仁洗净，剁成泥状。
3. 将虾仁泥加入葱末、姜末及所有腌料腌制约5分钟，备用。
4. 将腌好的虾仁泥填入抹有淀粉的香菇中。
5. 再以白果及枸杞子点缀。取一蒸盘，放入填有虾仁泥的香菇，再将盘放入电锅内锅中，外锅加1/2杯水，盖上锅盖，按下开关，蒸约8分钟后，倒入另一盘中，盘中事先铺有烫熟的上海青。另取锅，加入所有调料煮沸，制成芡汁，淋至蒸熟的食材上即可。

虾仁茶碗蒸

材料

虾仁	2只
鲜香菇	1朵
鸡蛋	2个
葱花	适量

调料

盐	1/4小匙
糖	1/4小匙
米酒	1/2小匙
水	3大匙

做法

1. 鸡蛋打散后，加入所有调料打匀，再用筛网过滤。
2. 将过滤后的鸡蛋液倒入容器中，并盖上保鲜膜。
3. 电锅外锅加入1杯水，内锅放入蒸架，将盛有鸡蛋液的容器放置蒸架上，盖上锅盖，锅盖边插1根牙签或厚纸片，留一条缝使蒸气略微散出，防止蛋液蒸过熟。
4. 按下开关，蒸约8分钟至蛋液表面凝固，再将虾仁、葱花及鲜香菇放入，盖上锅盖，再蒸约10分钟后开盖，轻敲锅子，看蛋液是否已完全凝固不会晃动，若晃动，表明未蒸熟，需盖上盖子再蒸，蒸至蛋液已完全凝固、不会晃动即可。

草虾黄瓜盅

材料

大黄瓜	160克
猪肉馅	200克
虾仁	100克
大蒜	3瓣
红辣椒	1个

调料

白胡椒	少许
盐	少许
酱油	1小匙
香油	1小匙
米酒	1大匙
淀粉	1小匙

做法

1. 将大黄瓜洗净去皮，切成约8厘米厚的圈状，再将籽去除；虾仁、大蒜、红辣椒都洗净切成碎状，备用。
2. 将猪肉馅、虾仁碎、大蒜碎、红辣椒碎与所有调料一起加入容器中，搅拌均匀，再摔出筋，备用。
3. 将甩打好的肉馅放入大黄瓜盅内，直至材料用尽，再将成品放入电锅内锅中，外锅加入1杯水，盖上锅盖，按下开关，蒸约20分钟即可。

注：可在成品上放熟虾仁、罗勒装饰。

蒜味蒸螃蟹

材料

螃蟹1只，姜25克，大蒜3瓣，葱10克，姜末1小匙

调料

米酒、白醋各1大匙，盐、白胡椒各少许，糖1小匙

做法

1. 将螃蟹洗净后去鳃；姜洗净切丝；大蒜洗净切碎；葱洗净切小段，备用。
2. 将处理好的螃蟹放入圆盘中，放入姜丝、大蒜碎、葱段，再加入米酒、盐、白胡椒。将圆盘放入电锅内锅中，外锅加入2/3杯水，盖上锅盖，按下开关蒸约10分钟后即可取出。
3. 将姜末、白醋、糖搅拌均匀，当作蘸酱搭配食用。

干贝蒸山药

材料

干贝2个，山药300克

调料

柴鱼酱2小匙，味啉1小匙

做法

1. 将干贝洗净放入碗里，倒入开水(水量淹过干贝)泡约15分钟后剥丝，连汤汁备用。
2. 山药去皮洗净，切圆段后放入汤碗中，备用。
3. 将连有汤汁的干贝丝加入柴鱼酱及味啉拌匀后，淋至汤碗中的山药上。
4. 电锅外锅放入1/2杯水，内锅放入汤碗，盖上锅盖，按下开关，蒸至开关跳起后即可。

上海青酿墨鱼

材料

墨鱼浆80克，上海青5棵，发菜5克

调料

盐1小匙，香油1小匙，水400毫升，水淀粉1大匙

做法

1. 上海青洗净，对半切开，逐个填入墨鱼浆后排入盘中，再铺上泡过水的发菜。将盘放入电锅内锅中，外锅加约1/4杯水，盖上锅盖，按下开关，蒸约7分钟，备用。
2. 另取锅，加入所有调料煮沸，制成芡汁，再淋至蒸熟的菜品上即可。

培根蒸娃娃菜

材料

娃娃菜4棵，培根1片，大蒜2瓣，红辣椒1个

调料

酱油、香油、奶油各1小匙，鸡精1小匙，
盐、白胡椒各少许，水100毫升

做法

1. 将娃娃菜去蒂、对切后洗净；培根、大蒜、红辣椒均洗净切碎，备用。
2. 将洗净的娃娃菜、培根碎、大蒜碎、红辣椒碎及所有调料放入盘中，再将盘放入电锅内锅中，外锅加入1杯水，盖上锅盖，按下开关，蒸约15分钟即可。

素味酿苦瓜

材料

苦瓜　1个
黑木耳　1朵
竹笋　50克
胡萝卜　30克
圆白菜　150克

酱料

酱油　1大匙
鸡精　1小匙
盐　少许
白胡椒粉　少许
水　适量
香油　1小匙

调料

酱油　2大匙
糖　1大匙
水　600毫升
米酒　1大匙

做法

1. 先将黑木耳、竹笋、胡萝卜、圆白菜洗净切成丝，备用。
2. 将苦瓜切开蒂头后，将内部籽挖除，再洗净，然后将黑木耳丝、竹笋丝、胡萝卜丝、圆白菜丝塞进苦瓜内，接着淋上调匀的酱料，最后用牙签将苦瓜蒂头插入苦瓜中，固定成一个完整的苦瓜。
3. 将完整的苦瓜放入180℃的油中，炸至表面呈金黄色后捞起沥油，备用。
4. 将炸好的苦瓜放入蒸盘上，再加入拌匀的调料，蒸盘放入电锅内锅中，外锅加2杯水，盖上锅盖，按下开关，蒸约25分钟取出，切块食用即可。

欧式炖蔬菜

材料

洋葱	50克
西芹	50克
大蒜	5瓣
红甜椒	1/3个
黄甜椒	1/3个
西葫芦	300克
胡萝卜	100克
土豆	100克
迷迭香	5克

调料

橄榄油	2大匙
盐	少许
黑胡椒	少许
月桂叶	2片
奶油	1小匙
番茄酱	2大匙

做法

1. 洋葱洗净切大片状；西芹洗净去老丝、切大段；土豆去皮洗净、切小丁；红甜椒、黄甜椒洗净切小块；西葫芦、胡萝卜洗净切大块；迷迭香洗净切小段；大蒜洗净切片，备用。
2. 取电锅内锅，先加入所有调料搅拌均匀，再加入洋葱片、西芹段、土豆丁、红甜椒块、黄甜椒块、西葫芦块、胡萝卜块、迷迭香段、蒜片一起搅拌均匀。
3. 外锅加入2/3杯水，盖上锅盖，按下开关，蒸约20分钟后，开盖搅拌均匀即可。

百花豆腐肉

材料

老豆腐	1块
猪肉馅	100克
咸鸭蛋黄	40克
鸡蛋清	2大匙
姜末	20克
葱花	20克
油	少许
西蓝花	少许

调料

盐	1/2小匙
酱油	2大匙
糖	2小匙
淀粉	2大匙

做法

1. 将咸鸭蛋黄切粒，备用。
2. 老豆腐汆烫、沥干，并用小勺压成泥状，备用。
3. 猪肉馅加盐搅拌至有黏性后，再加入酱油、糖及鸡蛋清拌匀，接着加入姜末、葱花、淀粉、老豆腐泥混合拌匀。
4. 最后加入咸鸭蛋黄粒拌匀，备用。
5. 取一碗，碗内抹少许油，将拌匀的材料放入碗中抹平，再将碗放入电锅内锅中，外锅加1杯水，盖上锅盖，按下开关，蒸至开关跳起后取出，倒扣至盘中，最后以汆烫后的西蓝花装饰即可。

奶香虾米大白菜

材料

虾米10克，大白菜400克，奶油白酱120克，水120毫升，油少许

调料

盐少许

做法

1. 将虾米洗净、泡水软化、切碎；大白菜洗净、切大段，备用。
2. 电锅外锅加少许水，按下开关后放入内锅，锅热后加少许油，再放入虾米炒香，然后放入大白菜段、奶油白酱及水。
3. 再于外锅加约1杯水，盖上锅盖，按下开关。
4. 待开关跳起后，加少许盐调味即可。

蟹丝白菜

材料

大白菜400克，姜丝8克，鲜香菇丝20克，蟹腿肉50克，红辣椒丝少许

调料

盐、白糖各1/4小匙，黄酒1大匙，高汤50毫升

做法

1. 大白菜洗净，将菜梗切6刀（不切开）。将所有调料混合拌匀，备用。
2. 将切好的大白菜放入盘中，依序铺上姜丝、鲜香菇丝及蟹腿肉，淋上拌匀的调料，再放入电锅内锅中，外锅加约1杯水，盖上锅盖，按下开关，蒸至开关跳起后取出，撒上少许红辣椒丝即可。

清蒸臭豆腐

材料

臭豆腐3块，猪肉馅50克，毛豆适量

调料

辣豆瓣酱1大匙，高汤2大匙，蚝油1小匙，
蒜末1小匙，糖1/4小匙，米酒1/4小匙

做法

1. 臭豆腐洗净，切块后放入蒸盘中。
2. 所有调料混合均匀，备用。
3. 将猪肉馅与毛豆撒在臭豆腐块上，再淋上调好的调料。
4. 蒸盘放入电锅内锅中，外锅加入1杯水，盖上锅盖，按下开关蒸至熟即可。

三色丝瓜面

材料

丝瓜560克，鸡丝50克，火腿丝30克

调料

盐2小匙，香油1大匙，七味粉1大匙，
水400毫升，水淀粉3大匙

做法

1. 丝瓜去皮及白色瓜肉后洗净切成丝，备用。
2. 将丝瓜丝、鸡丝及火腿丝加入1小匙盐、香油拌匀，再放入电锅内锅中，外锅加约1/4杯水，盖上锅盖，按下开关，蒸约7分钟即可。
3. 另取锅，加入1小匙盐、水、水淀粉煮沸，制成芡汁，淋至蒸熟的菜品上，再撒上七味粉即可。

百花圆白菜卷

材料

虾仁	100克
猪肉馅	200克
大蒜	3瓣
葱	10克
红辣椒	1个
圆白菜叶	3片
淀粉	少许

酱汁

鸡蛋清	35克
盐	少许
白胡椒	少许
水	350毫升
水淀粉	适量

调料

香油	1小匙
鸡精	1小匙
米酒	1大匙
淀粉	1小匙
鸡蛋清	35克
盐	少许
白胡椒	少许

做法

1. 将虾仁与猪肉馅一同剁成肉泥；大蒜、红辣椒、葱均洗净切成碎状；圆白菜叶洗净放入沸水中汆烫过水，备用。
2. 取容器，放入肉泥、大蒜碎、红辣椒碎、葱碎与所有调料搅拌均匀，再摔打出筋，即为内馅，备用。
3. 将圆白菜叶平铺在桌上，待干后，撒入材料中的少许淀粉，再加入搅拌好的内馅，慢慢卷起成圆柱状，备用。
4. 将卷好的圆白菜卷放入电锅内锅中，外锅加入2/3杯水，盖上锅盖，按下开关，蒸约10分钟后，取出对切，备用。
5. 取炒锅，加入所有酱汁材料（水淀粉除外）共煮，煮开后加水淀粉勾薄芡，再淋至蒸好的圆白菜卷上即可。

注：可用汆烫好的上海青装饰。

客家酿豆腐

材料

老豆腐	2块
葱	10克
猪肉馅	300克
大蒜	2瓣
红辣椒	1个
姜	25克
淀粉	少许
水淀粉	少许
葱碎	少许
红辣椒碎	少许

酱料

香油	1小匙
盐	少许
白胡椒	少许
水淀粉	少许
酱油	1小匙

调料

蚝油	1大匙
水	500毫升
盐	少许
白胡椒	少许
香油	1小匙
糖	少许
鸡精	1小匙

做法

1. 先将葱、大蒜、红辣椒、姜都洗净切成碎状，再与所有酱料、猪肉馅搅拌均匀。
2. 然后将猪肉馅摔打出筋，制成内馅，备用。
3. 老豆腐一块切成二片，在每片豆腐中间挖一个小洞，备用。
4. 再在老豆腐洞内轻抹少许淀粉，备用。
5. 将内陷轻轻塞入洞口中。
6. 将塞有内陷的豆腐放入圆盘中，再放入电锅内锅中，外锅加1杯水，盖上锅盖，按下开关，蒸约15分钟。取炒锅，加入所有调料以中火煮开，再加少许水淀粉勾芡，即成酱汁，然后淋入蒸好的豆腐上，最后撒上少许葱碎、红辣椒碎装饰即可。

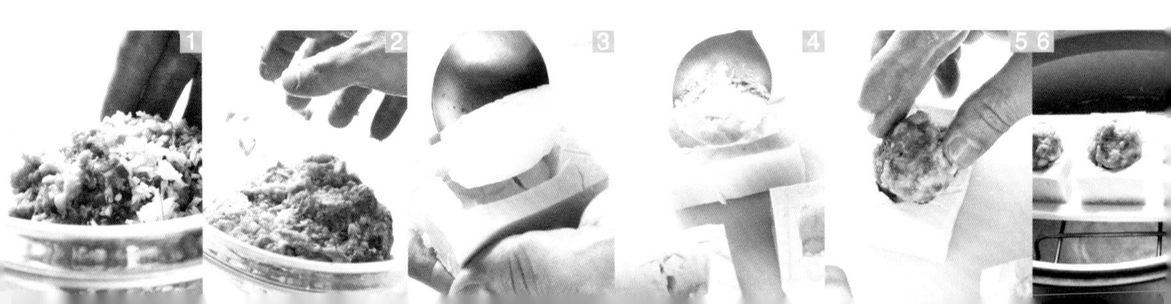

PART 5

快速方便的微波炉晚餐

一般来说，任何食材都可以用微波炉烹饪，烹饪时要调对功率，避免食材不熟或加热过久，本章以800W为准。除了注意功率之外，放入微波炉的器具也要小心谨慎！像是铁、铝、不锈钢类的容器，皆不适合放入；塑料类则易融化，也不适合放入，最好购买微波炉专用的容器或是耐热的玻璃容器。用微波炉做晚餐，既快速又方便。

微波炉清洁保养秘诀

清洁

● 微波炉内

用完微波炉后应保持炉内清洁，如溅出的油滴或溢出的食物积在炉内，需用湿布擦去。如果炉内脏物很难擦去，可使用软性清洁剂。不能使用粗糙、带有磨损性的清洁用品擦拭。

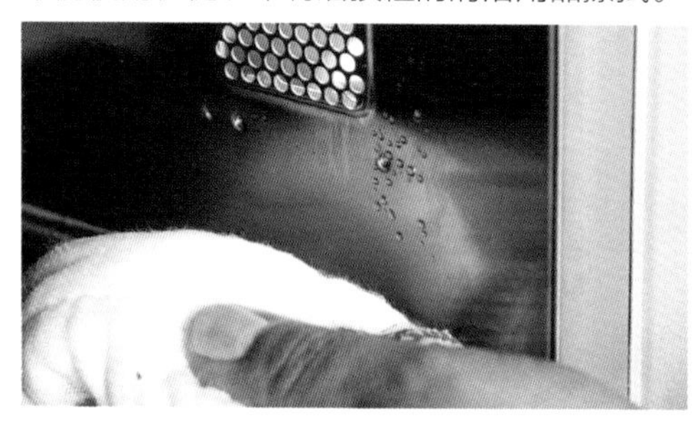

● 控制面板

若控制面板被弄湿或弄脏，请用软性干布抹擦，勿使用粗糙、带有磨损性的清洁用品擦拭。擦控制面板时请将炉门打开，防止不小心启动微波炉。

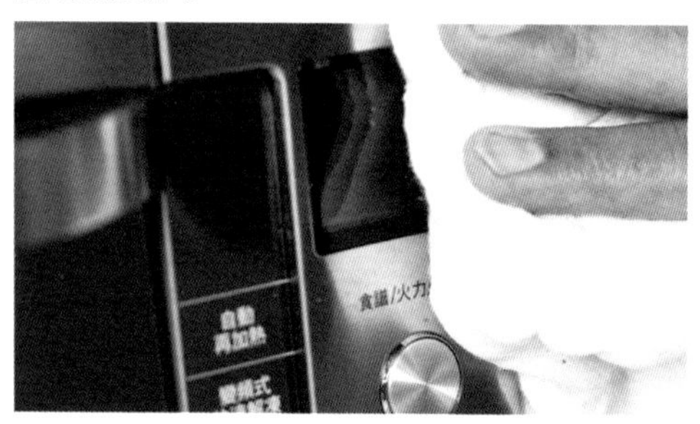

● 炉内或炉门周围

如有水蒸气积在炉内或炉门周围，可用软布擦净。在微波炉正常运转或湿度高的情况下都可能产生水蒸气积聚的现象。

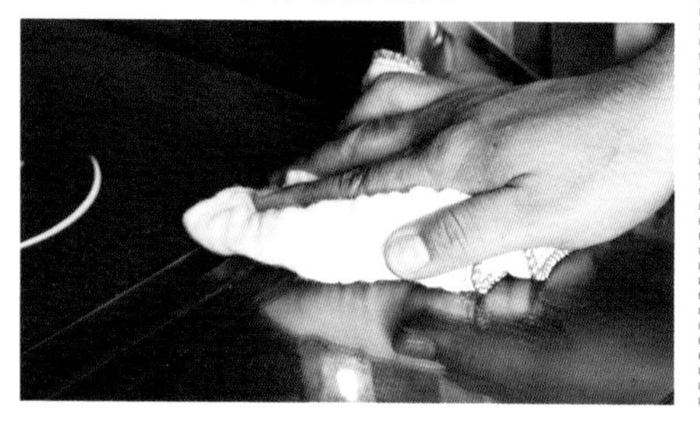

保养

● 天然除臭剂

微波炉用久了或是烹饪味道浓烈的食材时，可将刚泡过还充满香气的茶叶渣或咖啡渣放置炉内，利用其散发的香气消除异味；另也可放入柠檬、柑橘等带有芳香味的果皮加热3分钟，亦可达到除臭效果。

● 软性清洁剂 DIY

肥皂水：将肥皂放于温水中搓至微带滑腻感，用海绵沾取擦拭，再以湿抹布轻轻擦干。

小苏打水：将少许小苏打粉加水稀释，以抹布沾取擦拭，再以湿抹布擦干净。

醋水：将白醋加水稀释，以抹布沾取擦拭，再以湿抹布擦干净。

● 自动清洁功能

有些微波炉附有清洁设定的功能，可让微波炉自行清洁，使用时参照各家微波炉的使用手册即可。

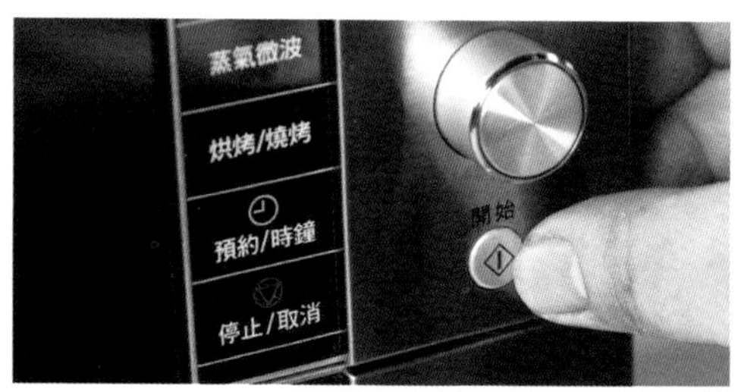

辣子鸡丁

材料

鸡腿肉	200克
青甜椒	60克
竹笋	50克
姜末	10克
蒜末	10克
葱	20克
蒜味花生	40克
油	2大匙

腌料

淀粉	1小匙
米酒	2小匙

调料

辣椒酱	2大匙
酱油	1大匙
米酒	1小匙
白醋	1小匙
糖	1小匙
淀粉	1/2小匙
水	1小匙

做法

❶ 鸡腿肉洗净切丁后用腌料抓匀，腌制约2分钟；青甜椒及竹笋洗净切丁；葱洗净切小段，备用。

❷ 将腌好的鸡腿肉丁放入碗中，盖上保鲜膜，两边各留缝隙排气。将碗放入微波炉加热3分钟后取出，撕去保鲜膜，沥干备用。

❸ 取一碗，放入姜末、蒜末、葱段、辣椒酱、油拌匀后，放入微波炉加热2分钟爆香后取出，再放入加热好的鸡腿肉丁、青甜椒丁、竹笋丁，接着加入酱油、白醋、糖、米酒、淀粉及水拌匀，盖上保鲜膜，两边各留缝隙排气。

❹ 将碗再次放入微波炉加热4分钟后取出，撕去保鲜膜，加入蒜味花生拌匀后即可装盘。

三杯鸡

材料

土鸡腿肉	300克
姜片	50克
红辣椒	2个
罗勒	20克

调料

酱油	4大匙
胡麻油	2大匙
糖	1小匙
米酒	2大匙
淀粉	1/2小匙

做法

1. 土鸡腿肉洗净剁成小块；红辣椒洗净对剖；罗勒挑去粗茎后洗净，备用。
2. 将土鸡腿肉块放入碗中，加入2大匙酱油拌匀后盖上保鲜膜，两边各留缝隙排气。
3. 将碗放入微波炉加热4分钟后取出，撕去保鲜膜，沥干备用。
4. 另取一碗，放入姜片、红辣椒、胡麻油拌匀后，放入微波炉加热2分钟爆香。
5. 取出碗，放入加热好的土鸡腿肉块，再加入2大匙酱油、糖、米酒、淀粉及罗勒拌匀，盖上保鲜膜，两边各留缝隙排气。
6. 再次将碗放入微波炉加热4分钟后取出，撕去保鲜膜，拌匀后即可装盘。

花生拌丁香鱼

材料

熟丁香鱼100克，蒜味花生仁60克，葱50克，蒜末20克，红辣椒2个，油2大匙

调料

盐、糖各1/2小匙，白胡椒粉1/4小匙，香油1小匙

做法

1. 葱洗净切小段，红辣椒洗净切小片。将洗净的熟丁香鱼放入碗中，加入1大匙油拌匀后，放入微波炉加热2分钟后取出。
2. 另取一碗，放入葱段、蒜末、红辣椒片，加入1大匙油拌匀后，放入微波炉加热2分钟爆香。
3. 取出碗，放入加热好的熟丁香鱼、调料拌匀，盖上保鲜膜，两边各留缝隙排气。
4. 再次将碗放入微波炉加热4分钟后取出，最后加入蒜味花生仁拌匀即可。

豆干拌肉丝

材料

豆干120克，猪肉丝40克，葱20克，姜10克，红辣椒1个，油2小匙

调料

酱油2大匙，糖、香油各1小匙，淀粉1/4小匙

做法

1. 豆干、葱、姜及红辣椒均洗净切丝。
2. 将猪肉丝放入碗中，加入1小匙油拌匀后，盖上保鲜膜，两边各留缝隙排气。
3. 将碗放入微波炉加热1分30秒后取出，撕去保鲜膜，沥干。
4. 另取一碗，放入豆干丝、姜丝、葱丝及红辣椒丝，加入1小匙油拌匀后，放入微波炉加热2分钟爆香。
5. 取出碗，放入加热好的猪肉丝和所有调料拌匀。盖上保鲜膜，两边各留缝隙排气。
6. 再次将碗放入微波炉加热4分钟后取出，撕去保鲜膜，拌匀后即可装盘。

花雕鸡

材料

鸡腿	800克
葱段	30克
姜片	20克
蒜片	20克
蒜苗	40克
干红辣椒	10克
花椒	3克
西芹	80克
油	1大匙

调料

酱油	1大匙
蚝油	1小匙
辣豆瓣酱	2大匙
糖	1/2小匙
花雕酒	80毫升
淀粉	1小匙
香油	1大匙

做法

1. 鸡腿洗净剁小块；西芹洗净切小段；蒜苗洗净切片。
2. 将鸡腿肉块放入碗中，加入1大匙酱油拌匀后盖上保鲜膜，两边各留缝隙排气，再将碗放入微波炉加热5分钟后取出，撕去保鲜膜，沥干备用。
3. 另取一碗，放入葱段、姜片、蒜片、干红辣椒、花椒及辣豆瓣酱，再加入1大匙油拌匀后，放入微波炉加热2分钟爆香。
4. 取出碗，放入加热好的鸡腿肉块，加入西芹段、蒜苗片、蚝油、糖、花雕酒、淀粉及香油拌匀，盖上保鲜膜，两边各留缝隙排气。
5. 再次将碗放入微波炉加热5分钟后取出，撕去保鲜膜，拌匀后即可装盘。

酸菜炒肉丝

材料

酸菜心	100克
猪肉丝	50克
红辣椒	2个
姜	10克
油	20毫升

腌料

米酒	1/2小匙
酱油	2小匙
淀粉	1/4小匙

调料

糖	1大匙
香油	1小匙

做法

1. 酸菜心洗净切丝；姜及红辣椒均洗净切丝；猪肉丝用腌料抓匀，备用。
2. 将腌好的猪肉丝放入碗中，再加入5毫升油拌匀，盖上保鲜膜，两边各留缝隙排气。
3. 将碗放入微波炉加热1分30秒后取出，撕去保鲜膜，沥干。
4. 另取一碗，放入姜丝及红辣椒丝，再加入15毫升油拌匀后，放入微波炉加热2分钟爆香。
5. 取出碗，放入酸菜丝、糖拌匀，再将碗放入微波炉加热2分钟后取出。
6. 再向碗内加入加热好的猪肉丝及香油拌匀，盖上保鲜膜，两边各留缝隙排气。
7. 继续将碗放入微波炉加热3分钟后取出，撕去保鲜膜，拌匀后即可装盘。

葱爆猪心

材料

猪心	300克
葱	60克
姜末	10克
蒜末	20克
红辣椒	2个
油	20毫升

腌料

盐	1/4小匙
米酒	1小匙
淀粉	1小匙

调料

陈醋	3大匙
糖	2大匙
盐	1/4小匙
米酒	1大匙
淀粉	1小匙
香油	1小匙

做法

❶ 将猪心切成厚约0.5厘米的片状，洗净沥干，用腌料抓匀腌制约3分钟；葱洗净切段；红辣椒洗净切片，备用。

❷ 将腌好的猪心片放入碗中，加入5毫升油拌匀，盖上保鲜膜，两边各留缝隙排气。

❸ 将碗放入微波炉加热2分钟后取出，撕去保鲜膜，取出沥干，备用。

❹ 另取一碗，放入葱段、姜末、蒜末及红辣椒片，再加入15毫升油拌匀后，放入微波炉加热2分钟爆香。

❺ 取出碗，放入加热好的猪心片，加入所有调料拌匀，再盖上保鲜膜，两边各留缝隙排气。

❻ 再次将碗放入微波炉加热3分钟后取出，拌匀后即可装盘。

蒜香排骨

材料

猪排骨	400克
大蒜	100克
红辣椒	2个
葱花	10克
油	20毫升

腌料

小苏打粉	1/6小匙
米酒	1小匙
淀粉	1/2小匙
盐	1/4小匙
鸡蛋清	1小匙

调料

盐	1/2小匙
糖	1/4小匙
米酒	1小匙
淀粉	1/2小匙

做法

1. 将猪排骨洗净剁小块，与腌料拌匀，腌制约10分钟；大蒜及红辣椒切末，备用。
2. 将腌好的猪排骨块放入碗中，加入5毫升油拌匀后，盖上保鲜膜，两边各留缝隙排气。
3. 将碗放入微波炉加热4分钟后取出，撕去保鲜膜，取出沥干，备用。
4. 另取一碗，放入蒜末、红辣椒末，再加入15毫升油拌匀后，放入微波炉加热2分钟爆香。
5. 取出碗，放入加热好的猪排骨及葱花，再加入所有调料拌匀，盖上保鲜膜，两边各留缝隙排气。
6. 再次将碗放入微波炉加热3分钟后取出，拌匀后即可装盘。

宫保牛肉

材料

牛肉	150克
干红辣椒	30克
蒜味花生仁	50克
蒜末	10克
姜	5克
葱	10克
油	20毫升

腌料

嫩肉粉	1/4小匙
淀粉	1/2小匙
酱油	1小匙
鸡蛋清	2小匙

调料

白醋	1小匙
酱油	1大匙
糖	1小匙
米酒	1小匙
淀粉	1/2小匙
香油	1小匙

做法

1. 牛肉洗净切片，与腌料拌匀腌制约5分钟；姜洗净切丝；葱洗净切段，备用。
2. 将腌好的牛肉片放入碗中，加入5毫升油拌匀后，盖上保鲜膜，两边各留缝隙排气。
3. 将碗放入微波炉加热2分钟后取出，撕去保鲜膜，沥干备用。
4. 另取一碗，放入蒜末、姜丝、葱段及干红辣椒，加入15毫升油拌匀后，放入微波炉加热2分钟爆香。
5. 取出碗，放入加热好的牛肉片、白醋、酱油、糖、米酒、淀粉拌匀，再盖上保鲜膜，两边各留缝隙排气。
6. 再次将碗放入微波炉加热4分钟后取出，撕去保鲜膜，加入蒜味花生仁及香油拌匀后即可装盘。

黑椒牛柳

材料

牛肉	200克
洋葱	50克
蒜末	20克
红甜椒	40克
油	20毫升

腌料

嫩肉粉	1/4小匙
淀粉	1/2小匙
酱油	1小匙
鸡蛋清	2小匙

调料

粗黑胡椒粉	1小匙
番茄酱	2小匙
黑胡椒酱	2小匙
水	1大匙
蚝油	1大匙
糖	1小匙
淀粉	1小匙
香油	1小匙

做法

1. 将牛肉切成长约3厘米、与笔同粗的条状，与腌料拌匀腌制约5分钟；洋葱、红甜椒均洗净切丝，备用。
2. 将腌好的牛肉条放入碗中，加入5毫升油拌匀后，盖上保鲜膜，两边各留缝隙排气。
3. 将碗放入微波炉加热2分钟后取出，撕去保鲜膜，取出沥干，备用。
4. 另取一碗，放入蒜末、洋葱丝及粗黑胡椒粉，再加入15毫升油拌匀后，放入微波炉加热3分钟爆香。
5. 取出碗，放入加热好的牛肉条以及红甜椒丝，再加入剩余调料拌匀，盖上保鲜膜，两边各留缝隙排气。
6. 再次将碗放入微波炉加热3分钟后取出拌匀，即可装盘。

滑蛋虾仁

材料

虾仁	100克
鸡蛋	4个
葱花	30克
油	35毫升

腌料

盐	1/4小匙
淀粉	1/2小匙
米酒	1小匙

调料

盐	1/2小匙
白胡椒粉	1/4小匙
水	3大匙
淀粉	1/2小匙

做法

1. 将虾仁背部剖开不切断，洗净后沥干，用腌料抓匀腌制约2分钟，备用。
2. 将腌好的虾仁放入碗中，加入5毫升油拌匀后，盖上保鲜膜，两边各留缝隙排气，再放入微波炉加热2分钟后取出，撕去保鲜膜，沥干备用。
3. 鸡蛋打散，加入所有调料拌匀，备用。
4. 另取一碗，放入30毫升油，加入拌匀的鸡蛋液及加热好的虾仁拌匀，然后放入微波炉加热30秒。
5. 取出碗，将鸡蛋液再次拌匀后，续放入微波炉加热30秒后取出，再搅拌1次。
6. 接着再次放入微波炉加热1分钟至蛋液凝固，即可取出，撒上葱花，略微拌匀后盛盘。

美味应用

利用微波炉做滑蛋时，需要分多次放入微波炉中加热，每次大约30秒，让蛋液慢慢熟，这样蛋液才不会过老而影响美味。

奶油虾仁

材料

虾仁150克，大蒜20克，洋葱、西蓝花各40克

调料

无盐奶油2小匙，盐1/4小匙，糖6小匙，水1大匙

做法

1. 虾仁洗净沥干；大蒜洗净切片；洋葱洗净切丝；西蓝花洗净切小块，备用。
2. 将所有材料及所有调料拌匀后装盘。
3. 将盘子用保鲜膜包好，放入微波炉加热4分钟后取出，撕去保鲜膜，略拌匀即可。

椰奶咖喱虾

材料

虾300克，蒜末、香菜各10克，油1小匙

调料

红咖喱酱1大匙，糖1/2小匙，椰奶2大匙

做法

1. 虾洗净后沥干；香菜洗净切段，备用。
2. 取一碗，放入蒜末、红咖喱酱，加入1小匙油拌匀后，放入微波炉加热1分30秒爆香。
3. 取出碗，放入椰奶及糖拌匀后，加入虾拌匀，再盖上保鲜膜，两边各留缝隙排气。
4. 再次将碗放入微波炉加热4分钟，取出拌匀后装盘，加入香菜段装饰即可。

炒海瓜子

材料

海瓜子500克，红辣椒2个，油1大匙，蒜末、罗勒各20克，姜末10克

调料

沙茶酱1大匙，酱油、米酒各1大匙，糖、淀粉各1/2小匙，香油1小匙

做法

❶ 海瓜子洗净后沥干；红辣椒洗净切小片。

❷ 将海瓜子放入碗中，盖上保鲜膜，两边各留缝隙排气，再将碗放入微波炉加热2分钟后取出，撕去保鲜膜，沥干。另取一碗，放入红辣椒片、蒜末、姜末，加入1大匙油拌匀后，放入微波炉加热2分钟爆香。

❸ 取出碗，放入加热好的海瓜子、罗勒，再加入所有调料拌匀，盖上保鲜膜，两边各留缝隙排气，再次放入微波炉加热3分钟后取出，拌匀后即可装盘。

咸鸭蛋炒苦瓜

材料

苦瓜400克，熟咸鸭蛋2个，葱、蒜末各10克，红辣椒1个，油1大匙

调料

糖1.25大匙，水3大匙，盐1/8小匙，淀粉1/4小匙，香油1小匙

做法

❶ 苦瓜去籽洗净后切薄片；熟咸鸭蛋剥壳后切碎；葱及红辣椒洗净切丝。将苦瓜片放入碗中，加入1大匙糖和水拌匀，再盖上保鲜膜封紧。

❷ 将碗放入微波炉加热4分钟后取出，撕去保鲜膜，沥干备用。

❸ 另取一碗，放入葱丝、红辣椒丝、蒜末，加入1大匙油拌匀后，放入微波炉加热2分钟爆香。取出碗，放入加热好的苦瓜片、熟咸鸭蛋碎及剩余调料拌匀，再盖上保鲜膜，两边各留缝隙排气。再次将碗放入微波炉加热3分钟后取出，拌匀后即可装盘。

麻婆豆腐

材料

盒装豆腐	1盒
猪肉馅	50克
葱	20克
蒜末	10克
姜末	5克
油	1大匙

调料

辣椒酱	2大匙
酱油	2小匙
糖	1/2匙
米酒	1小匙
水	2大匙
淀粉	1小匙
香油	1小匙
花椒粉	1/8小匙

做法

❶ 豆腐切丁；葱洗净切花，备用。

❷ 取一碗，放入蒜末、姜末、辣椒酱，再加入1大匙油拌匀后，放入微波炉加热1分30秒爆香。

❸ 取出碗，放入猪肉馅拌匀，再放入微波炉加热2分钟后取出。

❹ 于碗内加入其余调料拌匀，再加入豆腐丁轻轻拌匀，盖上保鲜膜，两边各留缝隙排气，再次放入微波炉加热4分钟后取出，撒上葱花拌匀，即可装盘。

品质悦读丨畅享生活